你不可不知的
宇宙之谜

总策划/邢 涛　主编/龚 勋

U0221997

汕头大学出版社

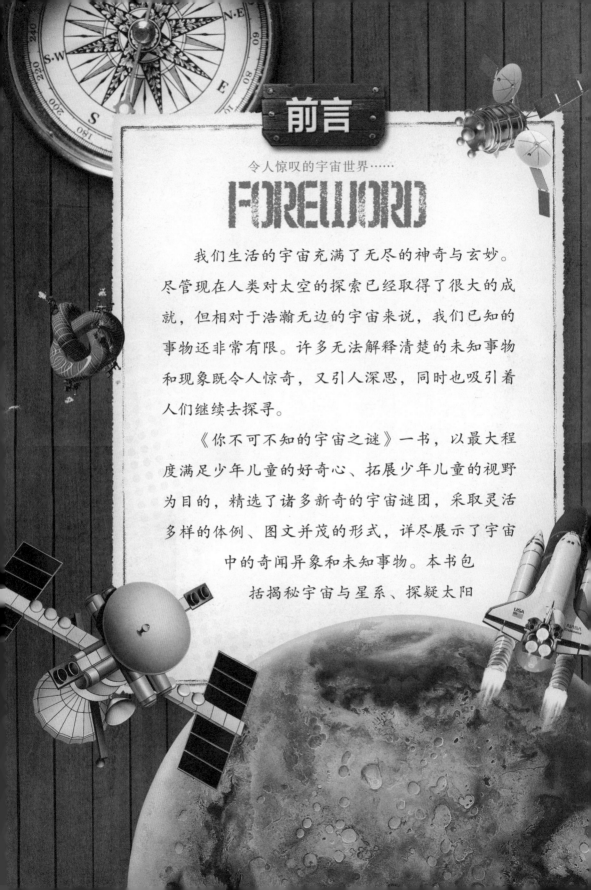

前言

令人惊叹的宇宙世界……

FOREWORD

我们生活的宇宙充满了无尽的神奇与玄妙。尽管现在人类对太空的探索已经取得了很大的成就，但相对于浩瀚无边的宇宙来说，我们已知的事物还非常有限。许多无法解释清楚的未知事物和现象既令人惊奇，又引人深思，同时也吸引着人们继续去探寻。

《你不可不知的宇宙之谜》一书，以最大程度满足少年儿童的好奇心、拓展少年儿童的视野为目的，精选了诸多新奇的宇宙谜团，采取灵活多样的体例、图文并茂的形式，详尽展示了宇宙中的奇闻异象和未知事物。本书包括揭秘宇宙与星系、探疑太阳

与八大行星、追踪太阳系其他小天体共三部分内容，少年儿童可以在这里体验宇宙诞生的神奇，感受反物质、黑洞、星际分子、超新星、类星体等神秘事物，探究夜空黑暗之谜，目击美丽的月球辐射纹，体察火星人面石的奥秘，等等。书中收入了一些有关外星生命的揣测，这些揣测虽然未必真实可信，但却可以激发你的想象，带领你去探寻外星生命的秘密。

阅读本书，你将走进一个神秘莫测的宇宙世界。希望广大少年儿童能通过本书拓展视野，开启心智，在思考与探索中走向未来。

CONTENTS
目录

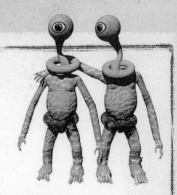

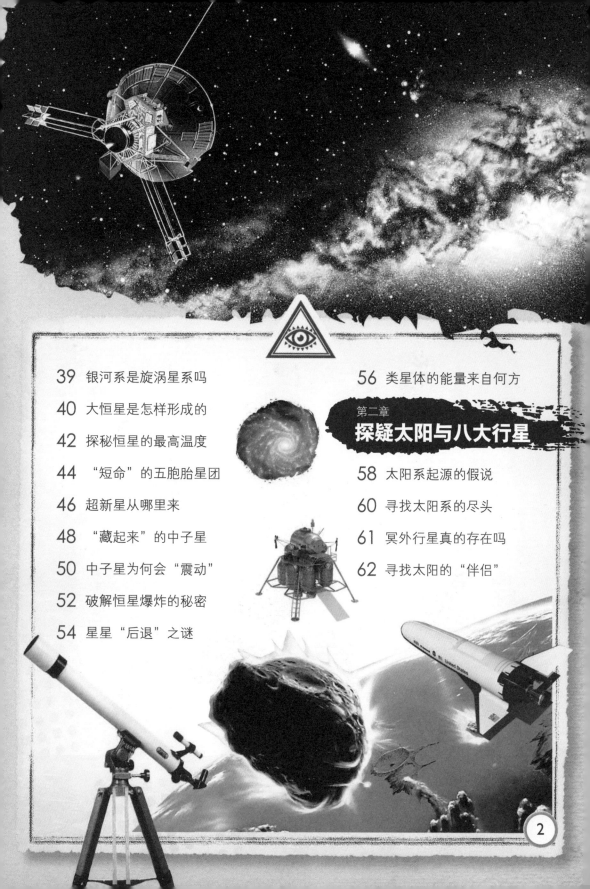

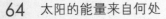

第三章
追踪太阳系其他小天体

第一章

揭秘宇宙与星系

　　茫茫宇宙，多彩变幻，充满了无尽的神奇与玄妙。置身于其中，人类不仅感到自身的微弱与渺小，同时心中还充满了种种疑惑：宇宙是怎样诞生的？宇宙会死亡吗？黑洞是怎么回事？超新星从哪里来？恒星为什么会爆炸？……迄今为止，关于宇宙的很多问题人类还无法准确回答。正因为如此，宇宙这一神秘而又美丽的空间才吸引了无数的人对它进行探索。

在这一章里，我们将会为你展现这些神奇奥妙的宇宙谜团，让你在无限的遐想之中，感受宇宙空间的浩瀚与生命的可贵。

宇宙诞生之谜

宇宙是不是爆炸"炸"出来的？
宇宙最初只是一个大火球吗？

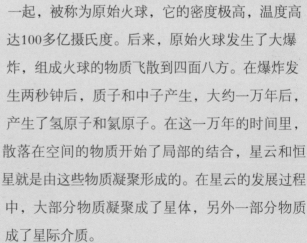

千百年来，人类一直在探寻宇宙的起源。今天，虽然科学技术已经取得了重大的进步，但关于宇宙的成因仍处于假说阶段。

到目前为止，"宇宙大爆炸"理论是流传最广、并被许多科学家普遍接受的关于宇宙诞生的假说。这一假说是由美国著名天体物理学家加莫夫和弗里德曼提出来的。假说认为，大约在200亿年前，构成我们今天所看到的天体的物质都集中在一起，被称为原始火球，它的密度极高，温度高达100多亿摄氏度。后来，原始火球发生了大爆炸，组成火球的物质飞散到四面八方。在爆炸发生两秒钟后，质子和中子产生，大约一万年后，产生了氢原子和氦原子。在这一万年的时间里，散落在空间的物质开始了局部的结合，星云和恒星就是由这些物质凝聚形成的。在星云的发展过程中，大部分物质凝聚成了星体，另外一部分物质成了星际介质。

虽然大爆炸理论得到了很多科学家的认可，

◀ 千百年来，人们对宇宙的探索从未停止

然而，大爆炸之前的宇宙是什么样子的？为什么会发生大爆炸？"宇宙大爆炸"理论并不能解决这些根本性的问题，所以有些人对它持怀疑态度。

关于宇宙的诞生，英国天文学家霍伊尔等人提出了"宇宙永恒"假说，法国天文学家沃库勒等人提出了"宇宙层次"假说。不过，最值得我们关注的则是印度天文学家纳尔利卡尔等人在1999年9月提出的一种新的宇宙起源理论——"亚稳状态宇宙论"。该理论认为，宇宙在最初的时候是一个被称为"创物场"的巨大能量库，在这个能量库中，不断地发生爆炸，逐渐形成了宇宙的雏形。此后，宇宙空间又接连不断地发生小规模爆炸，导致局部空间膨胀，最后便造成了整个宇宙的膨胀。

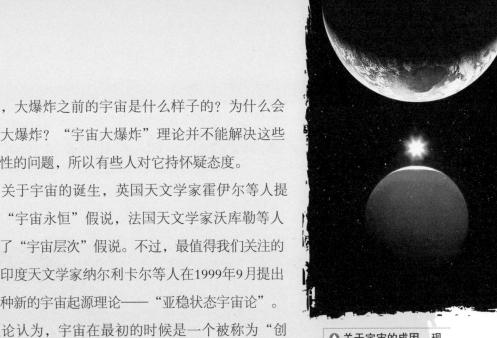

🔺 关于宇宙的成因，现在仍处于假说阶段

以上这些假说虽然能从一定程度上对宇宙诞生之谜做出解释，但它们并不能完全解释宇宙诞生的过程。可以预测，随着空间技术的发展，人类对宇宙的起源将会做出更为完整和科学的解释。

🔽 有人认为，宇宙是由若干次小规模的爆炸导致膨胀后形成的

探索发现
DISCOVERY & EXPLORATION

有关宇宙起源的神话故事

在中国古代传说中，巨神盘古氏开天辟地，创造了天地万物。在古印度，人们认为是"创造之神"梵天创造了整个世界。而在信仰基督教的国家，人们则相信天地万物是由上帝创造的。

宇宙是**圆**还是**方**

宇宙是扁平的，还是圆球状的？
宇宙的形状像轮胎、瓶子、足球还是鸡蛋？

宇宙是什么形状的呢？有的天文学家认为，宇宙应该是扁平的。但是也有科学家提出，宇宙很可能是球形的。甚至还有人指出，宇宙的形状很可能像个轮胎，或者像个瓶子，甚至可能像足球。最近，意大利费拉拉大学的天文学家提出的新观点认为，宇宙的形状是一个类似鸡蛋的椭圆形球体。

费拉拉大学的天文学家说，探测器获得的数据表明，在一块有限的空间内，宇宙的微波背景辐射在横向和纵向上是一致的。但如果把范围扩大到整个可观察的空间，就会发现宇宙的微波背景辐射在横向上是对称的圆形，而在纵向上却是个有一定偏心率的椭圆。这表明，宇宙的形状看上去就是一个类似鸡蛋的椭圆形球体。

虽然人们的说法不尽相同，但关于宇宙到底是什么形状，至今也没有人能给出一个权威的说法。最近，美国太空总署的科学家提出，采用γ射线对宇宙深空进行观察，也许可以帮助科学家测算出宇宙的形状。希望在不久的将来，这一切将不再是一个谜。

◀ 人类发射的探测器正在飞
向宇宙空间

宇宙的中心在哪里

宇宙也有中心吗?
宇宙的中心是不是就是发生大爆炸的那个点?

宇宙有中心吗? 它的中心又在哪里? 对于这些问题,人们众说纷纭,莫衷一是。

有人认为,宇宙肯定有自己的中心。他们的理由是,根据现在被大家公认的理论,宇宙起源于一场大爆炸,那么,最初爆炸的那个点就是宇宙的中心。但是很多人都认为,这样的中心并不存在。1929年,美国天文学家哈勃通过对宇宙的观测后提出,如果以地球为静止不动的参照对象,那么就存在这样一种情况——宇宙中的各个星系相对于我们都在快速后退。也就是说,宇宙在膨胀。同时他还观测到,从各个方向看去,宇宙膨胀的速度是相同的。简单说来,这种情景很像一个表面画有很多斑点的气球被逐渐吹胀,当气球膨胀时,任何两个斑点之间的距离都会增加,但是没有一个斑点可以被认为是膨胀的中心。宇宙也是如此,它也没有中心。

现在看来,关于"宇宙是否有中心"这个问题,一时间还没有准确的答案。不过,相信随着科学技术的发展,这个谜团终究会被解开。

◀ 宇宙到底有没有中心,还需要人类的不断探索

宇宙有限还是无限

> 宇宙是有限的还是无限的？
> 宇宙有没有边界？

宇宙究竟有多大？对这个问题，古今中外有过许多说法，但争论的焦点往往集中在"宇宙是有限的还是无限的"这个问题上。也就是说，如果宇宙是有限的，那么它的大小就能够被我们测量或计算出来。反之，我们就很难得到正确的答案。

△ 有一部分人认为宇宙是有限的

那么，宇宙究竟是有限的还是无限的呢？随着天文学的发展，人们通过望远镜观测发现，太阳系所在的银河系直径约为10万光年，厚约1万光年，拥有大约1500亿颗恒星和大量星云。在银河系以外，还有许许多多的河外星系。我们的银河系同它周围的河外星系组成了一个星系群，它的直径大约为260万光年。比星系群更高一级的是星系团，它由成百上千个星系组成。比如，在室女座里就有一个星系团，它包含了1000个以上的星系，距离我们大约2000万光年。目前，大型天文望远镜已经能够观测到100多亿光年外的天体，但远远没有发现宇宙的边缘。

因此，多数天文学家认为宇宙是无限的，它没有边界，也没有中心。

◁ 这是美国制造的航天飞机

　　然而，也有部分人认为宇宙是有限的。他们的理由是，如果宇宙起源于大爆炸，那么，从大爆炸发生到现在的时间是有限的，而宇宙膨胀的速度是一定的，所以宇宙的大小就是有限的。

　　除此之外，英国著名理论物理学家史蒂芬·霍金对这个问题也提出了自己的观点。他认为：宇宙有限而无界，只不过比地球多了几维。比如，我们的地球就是有限而无界的。在地球上，无论从南极走到北极，还是从北极走到南极，你始终不可能找到地球的边界，但你不能由此认为地球是无限的。地球如此，宇宙也是如此。

　　其实，人类对宇宙的观测能力还十分有限，宇宙究竟是有限还是无限，还有待于天文学家的进一步研究探索。

◀ 史蒂芬·霍金

探索发现
DISCOVERY & EXPLORATION

什么是维

　　"维"是一种度量时间和空间的尺度。其中，一维只有长度，二维有长和宽，三维具有长、宽、高。如果在三维空间中再加上时间，就构成了四维。

宇宙年龄知多少

宇宙多少岁了？
用哪些方法可以测知宇宙的年龄？

　　宇宙的年龄究竟有多大？这个简单又基本的问题已经困扰了科学家们几个世纪。现在，科学家们对宇宙年龄的测量手段多种多样，得出的数据也各不相同。

　　最初，科学家认为宇宙的年龄大约在100亿~200亿年左右。后来，一个由法国、荷兰、德国和美国科学家组成的研究小组宣布，他们发现了一个远在135亿光年外的、正在形成的星系团，这是当时人类发现的最远的星系团。科学家们根据这一发现推测，宇宙的年龄不会低于135亿年，但也不会超出这一数字太多，因为这一星系团是宇宙诞生初期的产物。

　　2002年，法国科学家在英国的《自然》杂志上发表了有关宇宙年龄的论文，

与
探索发现
DISCOVERY
& EXPLORATION

白矮星

　　白矮星是光度暗弱并处于演化末期的恒星，其特征是光度低，质量大，半径则与地球相当，所以它的密度非常大。如果白矮星的质量进一步增大，它就会坍缩成密度更高的天体：中子星或黑洞。

文中说，他们与其他国家的科学家合作，利用欧洲南方天文台设立在智利的"极大望远镜"上的高精度光谱仪，观察到了一颗名为CS31082-001的贫金属恒星上的铀238谱线。这是人们首次在贫金属恒星上发现铀元素谱线，它对精确推断宇宙年龄非常重要。根据铀元素的谱线，可以推算出该恒星上铀元素的含量。科学家将它与钍元素含量进行比较后，推算出宇宙的年龄至少有125亿年，误差为33亿年左右。

▲ 人类对宇宙的探索永无止境

2007年，美国宇航局的天文学家在新闻发布会上介绍说，他们利用"哈勃"太空望远镜观测到了迄今所发现的银河系中最古老的白矮星，这为确定宇宙年龄提供了一种全新的途径。天文学家介绍说，这些古老的白矮星是在距地球7000光年的一个名为M4的球状星团中发现的。白矮星是早期恒星燃烧后的产物，会随着年龄的增长而逐渐冷却，因而被视为测量宇宙年龄的理想"时钟"。根据他们的推测，宇宙的年龄应该为130亿～140亿岁。

虽然现在关于宇宙年龄的答案各不相同，但科学家们说，我们人类使用大型望远镜进行星系测量的工作才刚刚开始。伴随着新的发现，更多的宇宙年龄估计值将被测算出来，这会使我们逐渐得出宇宙的真实年龄。

▶ 关于宇宙的年龄，人们的答案各不相同

宇宙膨胀得有多快

宇宙是静止不动还是在不断膨胀？
宇宙膨胀的速度究竟是多少？

当物理学家阿尔伯特·爱因斯坦于1915年提出广义相对论的时候，他就已经认识到，他的学说将会引发一个震撼人心的预言：宇宙在膨胀。但是在那时，大多数天文学家都认为宇宙是永恒的，不会随时间而改变。

1924年，美国天文学家哈勃观测了仙女座星系和其他一些旋涡星系，并测定了它们的红移。结果发现，这些星系都在远离我们而去。而且，星系离得越远，退行的速度就越快。哈勃根据观察，还得出了宇宙膨胀的速度。从20世纪70年代末起，"宇宙在膨胀"这一观点终于得到了大多数天文学家的认可。但是，天文学家们一直未能精确地测定出宇宙的膨胀速度。

2006年，美国女天文学家温迪·弗里德曼领导的一个国际科研小组宣布，他们终于精确地测定出了宇宙膨胀的速度。过去，天文学家只能对宇宙膨胀速度做大致的估计，推断它在50千米／秒和100千米／秒之间，而弗里德曼等人测定的新数据为72千米／秒。

◀ 宇宙膨胀对我们太阳系有什么影响呢？

弗里德曼等人之所以得出了以上的结论，是因为他们观察了18个星系中一些亮度呈周期性变化的星体，但也因此引起了一些科学家的

一部分科学家对弗里德曼等人观测的结果表示了怀疑

怀疑。例如：芝加哥大学的科尔伯教授就认为，目前科学家们对这些亮度呈周期性变化的星体还没有完全了解，因此弗里德曼等人的结果可能会有误差。另外，还有一部分不支持"宇宙大爆炸"理论和"宇宙膨胀"理论的人认为，宇宙究竟从何而来，它到底有没有膨胀，这些问题到现在为止并没有得到证实，所以讨论它的膨胀速度是没有实际意义的。

大多数科学家认为，观测并探究宇宙的膨胀速度对宇宙研究有着重要意义。虽然现在的很多宇宙理论都建立在"假说"的基础上，但随着空间技术的发展，对于"宇宙的膨胀速度"这个问题，人类一定会得出完美的答案。

▶ 观测并探究宇宙的膨胀速度对宇宙研究有着重要意义

与 探索发现
DISCOVERY & EXPLORATION

光波的多普勒效应

如果恒星远离我们而去，光的谱线就会向红光方向移动，称为红移；如果恒星朝向我们而来，光的谱线就会向紫光方向移动，称为蓝移。这就是光波的多普勒效应。

宇宙是什么颜色的

宇宙也有颜色吗？
宇宙是不是牛奶咖啡色的？

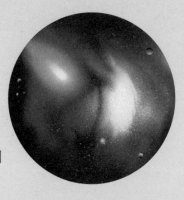

　　也许你认为，宇宙就是黑漆漆的。不过，现在有很多科学家都提出，宇宙也有自己的颜色。但它的颜色究竟是哪一种，到现在还仅仅停留在推测阶段。

　　2006年，在美国天文学会举行的一次会议上，两位美国科学家——霍普金斯大学的布鲁克和鲍德里宣布，他们通过分析20万个星系所发出的光谱推测，宇宙呈现出的颜色应该是米色。但他们嫌这一说法不够确切，于是便邀请科学界的有关专家来为宇宙颜色命名。据介绍，共有300多位科学家传来了电子邮件，其建议真是五花八门，包括"大爆炸米色""银河金色""宇宙土色""天文杏仁色"，等等。最后，"牛奶咖啡色"脱颖而出，成为获选者。于是，牛奶咖啡色就成了一部分人心目中的宇宙颜色。

　　但是，另外一些科学家并不赞成这种说法。他们提出，宇宙空间极为广阔，并不是人类所能想象出来的。也许只有站在宇宙之外，才能真正看清楚它的颜色，所以"宇宙是牛奶咖啡色的"这种观点并不严谨。

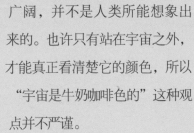
◀ 广阔的宇宙空间

宇宙是否有始无终

> 宇宙最初像个小豌豆？
> 宇宙最终会变成什么样子呢？

今天，得到科学界普遍认可的宇宙诞生学说是"宇宙大爆炸"理论。然而，大爆炸之前的宇宙又是怎样一副情景呢？宇宙最终又会变成什么样子呢？对于这个问题，天文学家们各持己见。

"宇宙有始而无终"，这是霍金对宇宙的起源和归宿问题提出的最新见解，这一观点的理论基础则是霍金提出的"开放暴胀"理论。他认为，宇宙最初的模样是一个豌豆大小的物体，悬浮于一片没有时间的真空。而且，豌豆状的宇宙在大爆炸前经历了被称为"暴胀"的极其快速的膨胀过程。另外，霍金还根据"开放暴胀"理论推断，宇宙最终将无限地膨胀下去。

霍金提出的新观点在科学界引起了不同的反应。俄罗斯物理学家林德对霍金的理论提出了批评，他认为，宇宙自始至终都存在，试图发现一个起点和所谓的终点是没有意义的。而英国的一些著名天文学家则出言谨慎。他们指出，霍金的新理论完全是按照物理学定律推算出的结果，至于它是否揭示了宇宙的本质，还有待于实际观测的检验。

◆ 神秘的宇宙

宇宙会**死亡**吗

未来，宇宙会变成什么样子呢？

当宇宙的"生命"走到尽头，它会发生大爆炸，还是逐渐消亡？

人们常常会问：宇宙有没有终结的一天？宇宙又将会如何终结？通过观测，科学家们认为，宇宙最终不是会变成一团熊熊燃烧的烈火，就是会逐渐转化为永恒的、冰冷的黑暗。因为根据"大爆炸"理论，宇宙的命运将取决于两种相反力量长时间进行"拔河比赛"的结果：一种力量是宇宙的膨胀，在过去的100多亿年里，宇宙的膨胀一直在使星系之间的距离拉大；另一种力量则是宇宙中存在的万有引力，它会使宇宙膨胀的速度逐渐放慢。如果万有引力强大得足以让膨胀最终停止，宇宙就会爆炸，最终变成一个大火球。相反，如果万有引力不能够阻止这种膨胀，宇宙就会变成一个漆黑的、寒冷的世界，逐渐消亡。

显而易见，任何一种结局都在预示着生命的消亡。不过，人类现在还不能对膨胀和万有引力做出精确的估测，更不知道谁将会是最后的胜

探索发现 与
DISCOVERY
& EXPLORATION

宇宙的未来会由"孤岛"组成吗

有人认为：当宇宙的膨胀速度超过光速的时候，那些来自其他星系团的光线将再也无法到达地球。这意味着，未来各星系之间的距离可能会越来越远，最后变成一个个"孤岛"漂浮在宇宙中。

利者，天文学家的观测结果仍然存在着许多不确定因素。这种不确定因素又是什么呢？科学家指出，最初促使宇宙膨胀的推动力可能非常强大，其速度比光速要快得多。在诞生之初的高速膨胀结束后，宇宙的膨胀速度开始减慢。然而现在的观测显示，促使宇宙高速膨胀的推动力也许并没有完

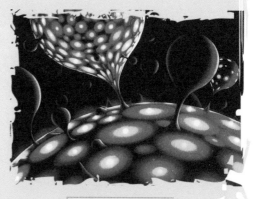

△ 正在膨胀的宇宙

全消失，它可能还存在于宇宙空间，而且还在发挥作用。这一观测结果表明，宇宙的膨胀速度可能会受到推动力的影响。

倘若真是这样的话，决定宇宙未来命运的就不仅仅是普通的膨胀和万有引力，可能还与最初促使宇宙高速膨胀的推动力有关。而且，宇宙又将会在什么时候终结自己的"生命"呢？虽然科学家推测它将发生在1000亿年以后，但这也只是建立在理论研究的基础上。可以说，正是这些因素使宇宙的未来变得更加扑朔迷离。

寻找暗物质

我们能看到暗物质吗？

暗物质是什么东西？

▲ 宇宙中存在着暗物质

　　顾名思义，暗物质就是人类无法直接观测到的物质。今天，绝大多数科学家都认为，广袤的宇宙是由暗物质、暗能量以及我们人类能感知到的正常物质组成的。在这其中，正常物质最少，只占4%；暗物质其次，占有23%的比例；其余的都是暗能量。

　　早在20世纪30年代，荷兰天体物理学家奥尔特就注意到，银河系圆盘中可能有占银河系总质量一半的暗物质存在。到了70年代，一些天文学家的研究证明，星系的主要质量并不是集中在它的核心部分，而是均匀地分布在整个星系中。这就暗示人们，在星系晕中一定存在着大量看不见的暗物质。那么，这些暗物质又是些什么东西呢？

　　天文学家推测，暗物质中有少量是所谓的重子物质，如极暗弱的褐矮星、大行星、恒星残骸、小黑洞、星际物质等。相对而言，绝大部分暗物质是非重子物质，它们都是些具有特异性能的、质量很小的基本粒子，如中微子、轴子及仍处于探讨阶段却尚未观测到的引力微子、希格斯微子、光微子等。

2006年，英国剑桥大学天文研究所的科学家们第一次成功确定了暗物质的部分物理性质。他们借助强功率天文望远镜对距离银河系不远的矮星系进行了长达23夜的研究。观测表明，在所观测的矮星系中，暗物质的含量是其他普通物质的400多倍。此外，这些矮星系中物质粒子的运动速度可达9千米/秒，其温度可达10000℃。同时，科学家们还观测到，暗物质与其他普通物质有着巨大的差异，领导此项研究的杰里·吉尔摩教授提出，在此之前，科学家们一致认为暗物质应该是由一些"冷"粒子构成的，它们的运动速度并不会太高。然而观测结果却否定了这一点。

大约在20世纪50年代前，人们第一次发现了暗物质存在的证据。虽然它的结构、组成至今还是一个谜，但我们相信，随着科学技术的发展，对暗物质的研究定然会迎来新的突破。

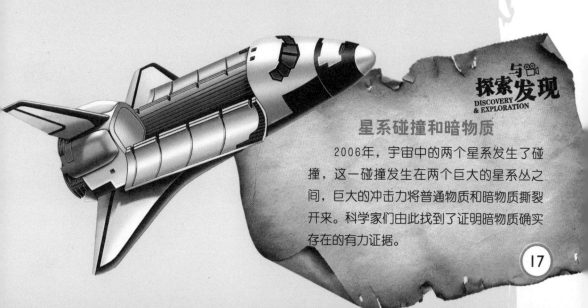

与 探索发现
DISCOVERY & EXPLORATION

星系碰撞和暗物质

2006年，宇宙中的两个星系发生了碰撞，这一碰撞发生在两个巨大的星系丛之间，巨大的冲击力将普通物质和暗物质撕裂开来。科学家们由此找到了证明暗物质确实存在的有力证据。

探寻宇宙中的**反物质**

什么是反物质？
宇宙中有反恒星和反星系吗？

当你照镜子时，镜中的那个"你"如果真的存在并出现在你面前，会是怎样一种情景呢？在科学家们看来，镜中的那个"你"就是"反你"。同样的，反物质是和物质相对的一个概念。我们知道，自然界里的物质都是由质子、中子和电子组成的，这些粒子被称为基本粒子。其中，质子带正电荷，电子带负电荷。然而，早在20世纪30年代初，就有人发现了带正电的电子，这是人类认识反物质的第一步。到了50年代，随着反质子和反中子的发现，人们开始明确地意识到，任何基本粒子在自然界中都有相应的反粒子存在。有的科学家由此提出，反质子、反中子和反电子如果像质子、中子、电子那样结合起来，就会形成反原子，而由反原子构成的物质就是反物质。

这个观点立即引起了轩然大波。如果真的有反原子存在，而且，我们正物质世界有多少种原子，在反物质世界中也就有多少种反原子，那么，大量的反原子就可以构成由反物质组成的恒星和星系。如果宇宙中的正反物质为等量，那这样的反恒星和反星系就应当存在。然而，

◆ 人类发射的探测器

宇宙中真的有反恒星和反星系吗？

　　我们的宇宙是由大量星系构成的，星系之间并不是真空的，而是弥漫着稀薄的气体。因此，如果正、反物质星系同时存在，那么它们必定会相遇，相遇时两者就会湮灭，这种湮灭过程是能够通过对 γ 射线的观测来发现的。然而，科学家们并没有发现相应的 γ 射线存在。

◎ 如果反物质真的存在，是不是就会有和星系相对应的反星系存在呢？

　　在这样的结果面前，人们的看法分成了两种。一种认为宇宙中的正反物质应当是等量的，需要从更远处去寻找反物质存在的证据。另一种却认为，事实已暗示，宇宙中没有大量的反物质存在，需要的是从宇宙的演化中去寻找造成今天没有反物质的原因。1998年的夏天，美国宇航局把阿尔法磁谱仪送上了太空，它的主要任务之一就是寻找宇宙射线中的反物质，希望它能帮助人类彻底揭开反物质之谜。

◎ 有的科学家认为，反物质世界是存在的

探索发现 与
DISCOVERY & EXPLORATION

阿尔法磁谱仪

　　阿尔法磁谱仪是人类送入宇宙空间的第一个大型磁谱仪，于1998年6月2日～12日由美国"发现号"航天飞机搭载，成功地进行了首次飞行。它的研制工作是由美籍华裔物理学家丁肇中教授提出并领导完成的。

宇宙射线 从哪里来

宇宙射线是超新星爆发放射出来的吗？
黑洞是不是宇宙射线的"家"？

　　宇宙射线，指的是来自宇宙中的一种具有相当大能量的带电粒子流。它是由德国科学家韦克多·汉斯在测定空气电离度的实验中发现的。观测表明，宇宙射线主要是由质子、氦核、铁核等组成的高能粒子流，这其中也包含了能穿过地球的中微子流。它们在宇宙空间得到加速和调制，其中的一些最终会穿过大气层到达地球。

　　宇宙射线可以分为原宇宙射线和次级宇宙射线两大类，它能引发许多目前无法用人工实现的核反应和基本粒子转变过程，而且它还可能与太阳和某些恒星的活动以及各种地球物理现象有密切关系，所以人类必须加强对宇宙射线的研究。然而一直到现在，科学家们

探索发现 与
DISCOVERY & EXPLORATION

宇宙射线与全球变暖

　　近日，有科学家提出，全球变暖问题很可能与宇宙射线有直接关系。他们认为，当宇宙射线较少时，大气中产生的云层就少，这样，太阳就可以直接加热地球表面，促使温度升高。

　　有科学家认为，宇宙射线的产生可能与超新星爆发有关

都没有完全找到宇宙射线的来源。有一种观点认为，宇宙射线的产生可能与超新星爆发有关。支持这一观点的科学家认为，宇宙射线产生于超新星大爆发的时刻，"死亡"的恒星在爆发时会放射出大能量的带电粒子流，射向宇宙空间。另一种说法则认为，宇宙射线来自于爆发之后的超新星残骸。

⚠ 最新观测表示，宇宙射线可能来源于黑洞

2007年，来自17个国家的370多名科学家在阿根廷的皮埃尔—奥格天文台进行长期观察后，推论说宇宙射线可能是由位于邻近星系心脏地带的巨大黑洞放射出来的，理由是这些射线在宇宙中并没有均匀分布。相反，它们似乎是来自物质密集的星系中心地带，而那里正是黑洞的所在地。另外，黑洞周围的磁场也许会提高宇宙射线的速度，这可以解释为什么宇宙射线会有如此大的能量。

据报道，皮埃尔—奥格天文台拥有24个望远镜和1600个探测器。在设计上，这个天文台能够探测数十亿个由次级粒子形成的"粒子雨"，而粒子雨就是在宇宙射线"光临"地球时形成的。对于这项研究，一些科学家深表认同。来自芝加哥大学的詹姆斯·克罗宁教授声称，他们将会进行下一步的观测，希望能找出宇宙射线的产生地以及它们的加速方式，以便于彻底揭开这一谜团。

▶ 来自太空的宇宙射线，影响着地球上的生命

宇宙尘埃来自哪里

宇宙尘埃是不是太阳风释放出来的？
是超新星爆炸"炸"出了宇宙尘埃吗？

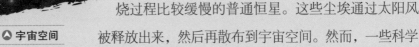

在广袤的宇宙空间，除了有各种各样的恒星、大行星、彗星、小行星等天体之外，还存在着大量的宇宙尘埃，它们是漂浮于宇宙空间的岩石颗粒与金属颗粒。科学家进行分析后认为，它们的物质组成和地球并没有太大的区别。但出于种种原因，这些尘埃并没能聚合成一颗星体，而是呈颗粒状悬浮在宇宙空间。

多年来，宇宙尘埃的来源一直是个难解的谜。一种说法认为，宇宙尘埃来源于温度相对较低、燃烧过程比较缓慢的普通恒星。这些尘埃通过太阳风被释放出来，然后再散布到宇宙空间。然而，一些科学家对太阳风所含物质的密度进行研究后发现，太阳风并不能提供足够密度的宇宙尘埃。因此，另一种猜测认为，宇宙尘埃很有可能来自于超

🔺 宇宙空间

新星的爆发。根据英国科学家对银河系内最年轻的超新星"仙后座-α"所进行的观测，发现它爆发后的残留物所在的区域内存在着大量的冷尘埃，其质量可能为太阳的四倍。这些科学家认为，如果所有的超新星爆发都按照这种规模向外喷发宇宙尘埃的话，基本可以达到目前宇宙中所拥有的宇宙尘埃的总数量。因此，超新星爆发可能才是宇宙尘埃的来源。

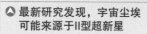

○ 最新研究发现，宇宙尘埃可能来源于II型超新星

近期，天文学家们使用"斯必泽"太空望远镜、"哈勃"太空望远镜和位于夏威夷岛的"双子北座"望远镜进行了新一轮的观测分析。其中，美国空间望远镜科学协会的本·苏根曼博士和同事们发现，在超新星SN2003gd（一种II型超新星）的残骸中存在着大量的热尘埃。科学家们由此宣称，宇宙尘埃可能来自II型超新星。这个观点的提出使得宇宙尘埃的来源显得更加准确。

但是，有一部分科学家对新观点持保留态度。他们认为，目前我们人类对宇宙尘埃形成的研究还不完善，实际观测结果也存在着需要继续考证之处。所以，要想彻底解开宇宙尘埃的来源之谜，还有很长的路要走。

▽ 宇宙尘埃呈颗粒状悬浮于宇宙空间

探索发现 与
DISCOVERY & EXPLORATION

宇宙尘埃对地球的影响

据统计，宇宙尘埃是地球上的第四大尘埃来源。平均每1小时就会有大约1000千克的宇宙尘埃进入地球，而一片以10万千米／小时的速度绕太阳旋转的尘埃云，每年就会给地球带来3000万千克的尘埃。

黑洞形成之谜

黑洞就是一个大黑窟窿吗？
黑洞是不是晚年的恒星变成的？

人们看到"黑洞"，往往会认为它是一个"大黑窟窿"，其实不然。所谓"黑洞"，就是一种天体，它的引力是如此之强，甚至连光都不能逃脱。由于黑洞中隐匿着巨大的引力场，而且这种引力很大，连从其他星体上发射出去的光都被它牢牢"抓住"，不能反射回去，因此我们看不到那一区域内的任何东西，只觉那里漆黑一片。既然连宇宙中"跑"得最快的光都不能从黑洞中逃离，那就是说，一切东西只要被吸了进去，就再也无法逃脱，就像掉进了无底洞。这就是它被称为"黑洞"的原因。

与别的天体相比，黑洞显得太特殊了。比如，黑洞有"隐身术"，人们无法直接观察到它，科学家们只能凭借想象对它的内部结构做出各种猜想。黑洞既然如此神奇，那么，它究竟是怎样形成的呢？科学家们推测，黑洞

◉ 黑洞可能是恒星演化到晚期的产物

与 探索发现
DISCOVERY & EXPLORATION

人类确认的第一个黑洞

1965年，科学家们在天鹅座发现了一个X射线源，它被命名为"天鹅座X-1"。观测证实，"天鹅座X-1"是一个黑洞。它也是被人类确认的第一个黑洞。

很可能是由质量大于太阳质量20倍的恒星演化而来的。

当一颗恒星衰老后，热核反应已经耗尽了它自身的燃料，由中心产生的能量也越来越少。这样，它再也没有足够的力量来承担外壳巨大的重力。所以，在外壳的重压之下，核心开始坍缩，直到最后形成体积小、密度大的星体，重新与压力保持平衡。在这个过程中，质量小的恒星主要演化成白矮星，而质量比较大的恒星则有可能形成中子星。根据科学家的计算，中子星的总质量不能大于三倍太阳质量，如果超过了这个值，那么将再也没有什么力能与自身的重力相抗衡，只会引发另一次大坍缩。

如果遇到这样的情况，物质将不可阻挡地向着恒星的中心点"进军"，直至形成一个体积很小、密度很大的星体。当它的半径收缩到一定程度（小于史瓦西半径）时，就会像我们上面介绍的那样，巨大的引力会让光也无法向外射出，从而切断了恒星与外界的一切联系，"黑洞"由此诞生。

"黑洞"无疑是20世纪最具挑战性、也最让人激动的天文学说之一。不过，关于黑洞的成因，至今仍处于假说阶段。要想真正揭开黑洞的奥秘，还需要我们人类的不断努力。

▶ 人类对宇宙的探测从未停止

白洞探奇

宇宙中有白洞存在吗？
白洞吸收物质和能量吗？

科学家们曾大胆地猜测：既然宇宙中存在黑洞，那会不会同时也存在一种只出不进的天体呢？他们给这种天体取了个与黑洞相反的名字，叫"白洞"。

科学家们猜想，白洞也有一个与黑洞类似的封闭的边界，但与黑洞不同的是，白洞内部的各种物质和辐射只能向边界外部运动，而白洞外部的物质和辐射却不能进入其内部。形象地说，白洞好像一个不断向外喷射物质和能量的源泉，却不吸收外部的物质和能量。

但是到目前为止，白洞还仅仅是科学家的猜想，人们并没有观察到任何表明白洞可能存在的证据。不过，最新的研究表明，白洞有可能就是黑洞本身！也就是说，黑洞在这一端吸收物质，白洞却在另一端喷射物质，它们就像一个巨大的、连通的管道。事实是不是如此，还有待科学家们的观测和研究。

黑洞和白洞是最有吸引力的研究课题之一，尽管现在我们对它们还不甚了解，但我们相信，打开宇宙之谜这扇大门的钥匙就藏在它们身后。

> ▼ 至于黑洞与白洞是否共存于宇宙中，到现在还是一个谜

穿越**虫洞**可能吗

虫洞是时空隧道吗？
穿过虫洞，我们是不是就可以从地球到其他星系旅行？

60多年前，爱因斯坦提出了有关"虫洞"的理论。那么，虫洞究竟是什么，它有哪些作用？关于这个问题，科学家们提出了各自的看法。

一种理论认为，虫洞就是连接白洞和黑洞的"桥梁"，它可以在黑洞与白洞之间传送物质。还有一些科学家认为，虫洞是一个时空隧道。一旦进入了这个隧道，就可以进行时间旅行。但是，在这个时空隧道中，你只能像看电影一样看过去发生了的事情，却无法对它们进行改变。还有人提出，虫洞是连接宇宙遥远区域间的时空细管，它甚至可以被实际运用在太空航行上。根据美国华盛顿大学的研究人员计算，一种被称为"负质量"的物质可以用来控制虫洞，它能扩大虫洞原本细小的空间，使宇宙飞船从中穿过。如果这一理论能够成为现实，那么，只需要一瞬间，我们就可以穿过虫洞从地球到其他星系旅行。

其实，上面的这些观点都还停留在理论阶段，很多问题并没有得到解决。希望在不久的将来，虫洞之谜能够破解。

▶ 虫洞能否成为星际旅行的通道？

星系究竟从何而来

星系的前身是由氢原子和氦原子形成的云吗？
是不是黑洞导致了星系的形成？

每当我们遥望星空时，横贯天际的银河总能让人欣然神往。如果我们仔细观察，就能看出银河实际上是由许许多多星星组成的。在天文学中，这种由千百亿颗恒星以及分布在它们之间的星际气体、宇宙尘埃等物质组成的，空间距离达到了成千上万亿光年的天体系统，就叫做"星系"。我们看到的银河其实就是银河系的一部分。

关于星系，人类虽然已经做过了大量的研究和观测，但对于"星系是怎样形成的"这个问题，却很难做出准确的回答。有一种观点认为，按照宇宙大爆炸理论，在宇宙诞生后的第一秒钟，大量质子、中子和电子就形成了。一百秒后，质子和中子开始结合成氦原子核。在不到两分钟的时间内，构成自然界的所有原子的成分就都已经形成。在接下来的三十万年里，宇宙会逐渐冷却，其温度会使氢原子核与氦原子核足以俘获电子而形成原子。接着，这些原子会在引力作用下缓慢聚集成巨大的纤

▼ 有人认为，星系的核心是黑洞

维状的云。大爆炸发生过后十亿年，由氢原子和氦原子形成
的云开始在引力作用下集结成团。随着云团的成长，初生的
星系（即原星系）开始形成。接着，原星系会开始缓慢自
转。一些自转较快的原星系形成了盘状，其余的就大致成为
了椭圆形的球体。可以说，较为"成形"的星系就这样诞生了。

但是，有关计算结果证明，单靠引力的作用不可能聚集成星系那
么大质量的天体。于是有人认为，星系的核心是黑洞，是它以强大的引
力把弥漫物质吸引到周围形成了星系。

另外还有一种观点认为，在宇宙大爆炸的过程中，可能有一些物质延
迟爆炸，形成了一个延迟核。延迟核与白洞相似，它可以把其中的物质全
都抛射出来。当延迟核开始爆炸时，它抛射出来的物质的密度要比周围物
质的密度大得多，正是这些被抛射
出来的物质形成了星系。

除了以上的观点外，关于星
系形成的原因，还有着别的说
法。但是，它们无一例外都停
留在假说阶段，至于星系究竟
是怎样形成的，还有待于人类
继续探索。

与 探索发现
DISCOVERY & EXPLORATION

星系的种类

1925年，天文学家哈勃根据星系
的形态把它们分成三大类，即：椭圆星
系、旋涡星系和不规则星系。其中，椭
圆星系分为七种类型，而旋涡星系又分
为棒旋星系和正常旋涡星系两大类。

"爱打扮"的星系

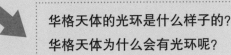
华格天体的光环是什么样子的？
华格天体为什么会有光环呢？

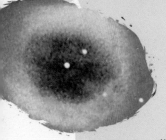

△ 行星状星云

光环并不只是某些行星"美化"自己的雕虫小技。就连拥有千百亿颗恒星的庞然大物——星系，也会在腰间系上件"环形饰物"，用来装点自己。这种"爱打扮"的特殊星系被称为华格天体。

华格天体的中心呈恒星状，周围有一个光度均匀、结构对称的环。观测发现，它的核心呈红色，光环有些发蓝，看上去非常美丽，形态和一些行星状星云有点相似。然而，华格天体的环状结构是怎样形成的呢？一种意见认为，华格天体中存在棒状结构，性质不稳定的它会搅动星系盘，从而形成了华格天体的环状结构。另一种意见却认为，在20亿～30亿年前，有两个星系产生了碰撞，然后又分离开来。其中一个星系的物质被另一个星系"夺走"，使后者拥有了环状结构，它由此成为了华格天体。

现在，华格天体正日益受到关注。相信在不久以后，华格天体的光环之谜最终会被人类解开。

星系会互相**吞食**吗

如果两个星系互相吞食，结果会怎样？
星系互相吞食后会留下痕迹吗？

最近有科学家提出，宇宙中的星系与星系之间可能会互相吞食，互相残杀。这一观点并非没有依据，因为椭圆星系可能就是由两个扁平的旋涡星系互相碰撞、混合、吞食而成的。有人曾用计算机做过模拟实验，结果表明，由于引力作用，两个星系会以一定的规律相向而行，逐渐趋于混合。在一定条件下，它们完全有可能发展成一个椭圆星系。

在宇宙中，除了旋涡星系和椭圆星系外，还有一种环状星系——华格天体。有人认为，华格天体的形成，就是两个星系互相碰撞、吞食的结果。而光环中心的天体和环上的结点，就是星系互相吞食后留下的痕迹。

加拿大的天文学家通过观测还发现，在某些巨型椭圆星系中，其亮度分布异常，好像中心部位另有一个小核。他认为，这就是一个质量小的椭圆星系被巨型椭圆星系吞食的结果。

然而在宇宙中，星系之间的距离都非常遥远，是什么样的机会使它们彼此碰撞和吞食呢？要想找到其中的原因，估计还需要一段时间。

▷ 有科学家认为，星系与星系之间有互相吞食的可能

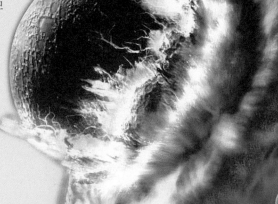

星系可以"养育"星系吗

星系"生产"恒星的速度会不会越来越慢？
"养育"理论正确吗？

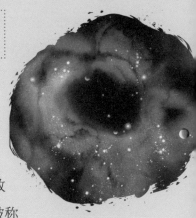

天文学家一直在猜测，一个典型的星系一开始可能是螺旋状的，还会不断向外喷出恒星。随着时间的流逝，这一星系会与其他螺旋状或不规则星系发生融合。最终，这一星系会放慢生产恒星的速度，并变成椭圆形。这一假说被称为星系"养育"理论。

△宇宙中的星系

根据所生产恒星的活性高低，天文学家将星系分为蓝色星系（生产恒星能力强）和红色星系（生产恒星能力弱）两大类。"养育"理论认为，蓝色星系之间会彼此融合，最终放慢生产恒星的速度，成为红色星系。许多科学家认为，如果这一理论是正确的，那么宇宙中就应该存在着一定量的正处在从蓝色向红色转变过程中的年轻星系。在最新的研究中，美国加州理工学院的科学家们利用星系演化探测器搜集了大量星系资料，发现了为数不少的年轻星系。他们认为，这一事实支持了星系"养育"理论。

但是也有科学家认为，目前我们人类对星系的形成原因、发展过程还处于假说阶段，实际观测结果也存在着需要继续考证之处。所以，现在就肯定星系"养育"理论的正确性，还为时过早。

◁星系"养育"理论是否正确，现在还不能肯定

星际分子之谜

星际分子是一种什么样的物质？
星际分子大都分布在哪里？

星际分子就是存在于星际空间的无机分子和有机分子。在20世纪30年代，科学家们就已经发现了第一种星际分子，接着又发现了氨分子和水分子的存在。到了1979年底，科学家们已经辨认出的星际分子超过了50种，其中大部分都是有机分子。探测表明，星际分子大都分布在星际空间中物理条件不同的各个区域，如银心、电离氢区和中性氢区、星周物质、暗星云、超新星遗迹和红外星的附近。

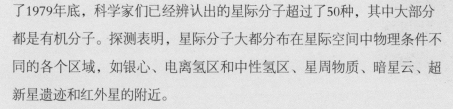

星际分子的研究对于天体演化学、银河系结构学、宇宙化学等学科都有着重要意义。弄清它们的形成过程以及它们同地球生命起源的关系，可以帮助我们揭开生命起源的奥秘。然而，令科学家们感到困惑的是，有些星际分子在地球上根本找不到。而且，人们到现在也还没有掌握星际分子的形成过程及其化学演化程序。虽然有人认为，星际分子可能是由电离的分子碰撞形成的，或者是靠气体云中的尘粒帮助形成的，但实际情况究竟如何，到现在还是一个谜。

◀ 星际分子的形成过程至今都还是一个谜

揭秘**银河系**的起源

银河系是不是起源于一个巨大的气体球？
银河系是由许多气体云互相碰撞形成的吗？

随着天文观测技术的进步，人们对银河系已经有了一个比较科学的认识。但关于银河系的起源，科学家们各持己见，这其中又以"气云凝聚说"和"混沌诞生说"最具代表性。

1962年，美国加利福尼亚州帕萨丁那市的三位天文学家综合了20世纪50年代的许多发现，研究了221颗临近恒星的运动，提出了关于银河系形成的"气云凝聚假说"。

这一假说认为，银河系起源于一个密度均匀、迅速坍缩的巨大气体球。在坍缩过程中，一些气体云冷凝并收缩，形成了银河系的首批恒星——银晕恒星。当气体云进一步向银心坍缩时，就集合成为迅速自转的银盘。接着，银盘中开始形成新的恒星。几十亿年后，太阳系诞生。

1978年，帕萨丁那卡内基天文台的科学家，在研究了外银晕中距

◁ 从不同的角度看银河系，其中上为侧视，下为俯视

探索发现与
DISCOVERY & EXPLORATION

银河系简介

银河系是我们太阳系所处的恒星系统，因其在天球上的投影像条河而得名。俯瞰银河系，它的形状像一块铁饼，从侧面看则像一块中间厚、边缘薄的凸透镜。另外，银河系还有四条旋臂。

离我们大约25000光年的19个球状星团中的177颗红巨星的化学成分后，发现它们的年龄相差很大，他们由此提出了银河系"混沌诞生说"。这一观点认为，银河系是由许多气体云在一定时间内互相碰撞形成的。近年来的一些观测结果都证明了"混沌诞生说"的正确。如玉夫座的NGC288和杜鹃座的NGC362，它们是两个相邻的球状星团，但根据它们一些成员星的光谱分析得出的碳、氮、氧和铁的含量，表明它们的年龄相差达30亿年。这说明银河系是由许多气体云在20亿或30亿年间，互相碰撞、吞食形成的。

🔺 用电波观测到的银河系

因为这两个学说都有一定的道理，而且也得到了或多或少的观测证实，所以学术界曾有人对它们这样评论："气云凝聚说"和"混沌诞生说"都在不同程度上掌握着真理，没有一方是绝对正确的，也没有一方是绝对错误的。在银河系的形成问题上，应该兼顾两方面的观点。然而，我们更期待有一个更为准确的理论来解释银河系起源的奥秘，也许在不久的将来，这一谜团终究会被人类破解。

🔺 关于银河系的起源，
科学家们各持己见

银河系的年龄有多大

关于银河系的年龄，现在有哪些说法？
科学家是如何推算银河系的年龄的？

长期以来，天文学家对银河系的年龄说法不一。有的认为只有70亿岁，有的认为有200亿岁。1983年，两位美国科学家使用一种新的测量技术对银河系的年龄进行了反复测算，结果最后测定银河系的年龄接近120亿岁。

2007年，美国芝加哥大学的助理教授尼古拉斯·道法斯在《自然》杂志上报告说，他设计的一种新方法可以作为"宇宙钟"，计算我们银河系的年龄。他用这种方法计算出，银河系的年龄大概在145亿岁左右，上下误差各有20多亿年。道法斯是结合了陨石中铀/钍丰度的数据，以及天文学家最近观测到的银河系外围球形星团中一颗古老恒星的铀/钍丰度数据，再结合铀和钍的衰变速度，推算出了银河系的年龄。

但是，这一判断目前还存在着很大争议。反对者认为，银河系的年龄大概为136亿年，应该比宇宙大爆炸稍微晚一些。这些不同的数据让人们对银河系的年龄越来越疑惑。看来，要想得到一个准确的答案，还需要科学家的不断探索。

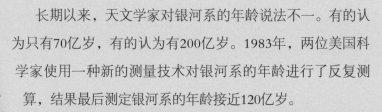

▶关于银河系的年龄，还没有一个确切答案

银河系的中心有黑洞吗

在人马座A*中，是不是真的有一个黑洞存在？
未来，黑洞会"吞"掉银河系吗？

科学家经过观测发现，银河系的核心在人马座方向，这里是恒星特别密集的区域，大约有1000亿颗恒星拥挤在一起。由于银河系中心的红外线和射电波信号很强，而天文学家也探测到了这个地方的射电源，所以有人认为，银河系的中心有一个质量很大的黑洞。

2005年，科学家们经过长达8年的研究，得出了这样一个结论：在位于银河系中心的人马座A*中，有一个超大质量的黑洞。人马座A*的直径仅为1.5亿千米，科学家们由此推算出了该天体的巨大密度，有力地支持了人马座A*存在超大质量黑洞的推断。

但是也有人认为，如果银河系的中心是黑洞的话，那它必定会不断地吞噬周围的宇宙物质。当它的质量越来越大时，它的引力也就越来越大，最终它会将整个银河系都吞噬掉！如果是这样，那未来的银河系岂不是会成为黑洞的一部分？所以他们认为，银河系的中心不可能是黑洞。

现在看来，虽然双方各执一词，但都还没有拿出确凿有力的证据来证明自己的观点。关于银河系的中心究竟有没有黑洞，还需要进行进一步的研究。

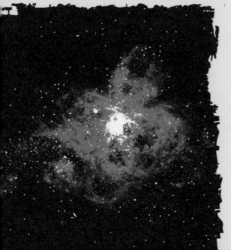

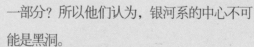

◄ 银河系的中心是不是真的有黑洞？

银河系旋臂疑云

银河系也有"手臂"吗？
银河系的"手臂"是什么样子的？

银河系旋臂示意图

在我们的银河系内，有着四条长长的旋臂，它们分别是人马臂、猎户臂、英仙臂和3千秒差距臂。科学家们经过研究发现，银河系的旋臂是连续的、对称的，它们是气体、尘埃和年轻恒星集中的地方。旋臂内主要是极端星族 I 天体，如O型和B型星、金牛座T型变星、经典造父变星、疏散星团、超巨星等，而且这里还有大量的中性氢、电离氢、分子云和尘埃。

就在"旋臂说"似乎已经尘埃落定时，1982年，美国天文学家贾纳斯和艾德勒发表了令人震惊的新观点。他们通过对银河系434个银河星图的图表绘制，发现银河系并没有旋涡结构，有的只是一小段一小段的零散旋臂，旋涡只是幻影。他们的理由是，银河系中不断产生的恒星会不可避免地围绕银河系旋转，显现出一种类似于旋涡的幻影。

这种新学说对存在多年的"旋臂说"是一次严重的挑战。银河系到底有没有旋臂？如果有，是连续的、对称的旋臂，还是零散的、局部的旋臂？到现在为止，一切都还是一个谜。

新学说对存在多年的"旋臂说"提出了挑战

银河系是旋涡星系吗

银河系的中心有一个什么样的结构？
银河系究竟属于哪一种星系呢？

长期以来，人们一直认为银河系是一个正常旋涡星系。然而在2005年，天文学家们通过观测发现，银河系与其他的正常旋涡星系之间存在着巨大差异——在银河系的中央，有一条由相对年老和偏红的恒星组成的棒状结构横跨在银河系中心，大约长达27000光年。而且，这个棒状结构的指向相对于太阳和银心连线之间的夹角约为45度。有的天文学家由此认为，这次观测结果证明银河系不一定就是正常旋涡星系。

△ 俯瞰银河系

然而，有一部分科学家对以上结论仍持保留态度。他们认为，即便银河系的中心存在棒状结构，也不能完全说明它就不是一个正常旋涡星系。也许，银河系的中心结构是两者兼而有之——外形呈旋涡状，有明显的核心，核心呈棒状。

我们知道，旋涡星系分为正常旋涡星系和棒旋星系两大类。那么，银河系究竟属于其中的哪一种呢？或者是两者兼而有之？看来，要解开这个谜团，还有待于科学家的继续探索。

大恒星 是怎样形成的

大恒星是不是靠"吃掉"较小的原恒星形成的？
大恒星是通过引力坍缩形成的吗？

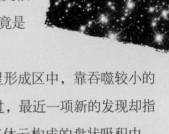

在银河系中，类似于太阳这样的恒星大约有 2000多亿颗，那些大恒星的质量甚至与100颗类似 于太阳的小恒星相当。然而，这些庞然大物究竟是 如何形成的呢？

一些科学家认为，大恒星是在拥挤的恒星形成区中，靠吞噬较小的 原恒星而迅速"成长"起来的。不过，最近一项新的发现却指 出，大质量恒星是在一片由星际气体云构成的盘状吸积中， 通过引力坍缩形成的。

针对以上两种观点，哈佛–史密森天体物理中心的天文学家尼 莫斯·帕特尔说："我们已经发现了大质量恒星周围存在吸积盘的 一个明确例证，这支持了后一种观点。"帕特尔和同事们研究了一颗 大约为15倍太阳质量的年轻原恒星，它位于仙王座方向，距离我们超过

🔻 有人认为，大恒星是靠吞噬较小的原恒星"长大"的

2000光年。他们发现，一个扁平的物质盘围绕着这颗原恒星旋转。这个物质盘包含的气体质量相当于太阳的1～8倍，向外延伸到480亿千米以外。这个物质盘的存在，为引力坍缩提供了明确的证据。因为当一个自转的气体云坍缩，变得更密集、更紧凑时，一个气体盘就会形成。这证明这个原恒星的形成过程与太阳的形成过程相同。

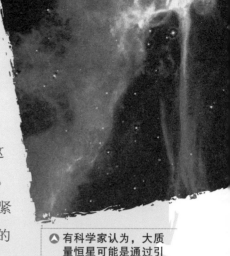

△ 有科学家认为，大质量恒星可能是通过引力坍缩形成的

　　研究小组还在一颗大质量原恒星HW2的周围，检测到了一个引力束缚盘。另外，射电观测还在HW2的周围发现了一个离子气体双瓣喷流，这是在小质量原恒星周围经常被观测到的一种外流。科学家们认为，吞并小质量原恒星无法形成一个环绕恒星的盘和一个双瓣喷流。所以，观测结果恰好证明大质量恒星是通过盘状吸积，而不是吞并一些小质量原恒星形成的。

　　尽管以上两种观点都有充分的观测和理论依据，但它们都存在着不足之处，所以现在还不能确定哪一种观点完全正确。但是，探索宇宙之路是永无止境的，相信终有一天人类会揭开有关大恒星形成的奥秘。

▽ 恒星常常会以双星或者是星团的形式存在。图为盾牌座内的野鸭星团

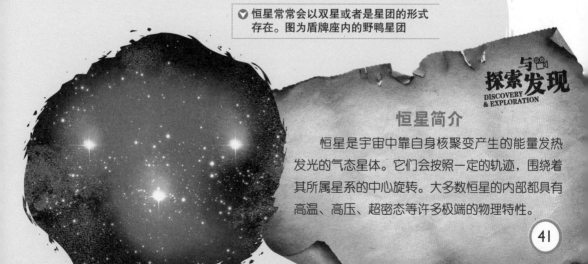

探索发现
DISCOVERY & EXPLORATION

恒星简介

　　恒星是宇宙中靠自身核聚变产生的能量发热发光的气态星体。它们会按照一定的轨迹，围绕着其所属星系的中心旋转。大多数恒星的内部都具有高温、高压、超密态等许多极端的物理特性。

探秘恒星的**最高温度**

太阳是温度最高的恒星吗？
恒星的最高温度会达到多少呢？

平时人们所说的恒星温度，一般指的就是恒星的表面温度。然而，恒星的温度最高能达到多少，人们一直都没有找到答案。

任何恒星都具有一种在其自身的引力作用下发生坍缩的倾向，当它坍缩时，它

△ 织女星的表面温度达到了8900℃

的内部会变得越来越热。如果它内部的温度越来越高，这颗恒星就会有发生膨胀的倾向。最后，当坍缩和膨胀达到平衡时，这颗恒星便形成了固定的大小。一颗恒星的质量越大，它自身的引力就越大，为了平衡引力引发的坍缩，所需要的内部温度也会越高，结果造成了它的表面温度非常高。

太阳是一颗中等大小的恒星，它的表面温度大约为6000℃。质量比它小的恒星，其表面温度也比它低，有一些恒星的表面温度只有2500℃左右。而质量比太阳大的恒星，其表面温度也比太阳高，可达到10000℃、20000℃，甚至更高。

在所有已知的恒星中，质量最大、温度最高、亮度最大的恒星，其稳定的表面温度至少可达50000℃，甚至可能更高。也许可以大胆地说，恒星

◁ 宇宙中有很多温度极高的恒星

从图中可以看到，轩辕十四位于狮子座的心脏位置，它的表面温度大约为12200℃

的最高表面温度可以达到80000℃。

恒星的内部温度比其表面温度要高得多。经过探测发现，太阳的中心温度大约为1500万℃。如果是这样的话，那些质量比太阳大的恒星，它们不但表面温度更高，中心温度也同样会更高。有一些天文学家曾计算出，在整个恒星爆炸的前夕，其核心温度甚至可以达到60亿℃。

在我们能观测到的恒星中，99％以上都和太阳一样，属于主序星。然而，对于那些不属于主序星的天体，它们的温度会有多高呢？例如脉冲星，它的温度可能会达到多少度呢？

有些天文学家认为，脉冲星的核心温度有可能会打破60亿℃的极限。此外，还有类星体，有人认为类星体可能是由数百万颗普通恒星坍缩形成的。如果真是这样，这种类星体的核心温度又会有多高呢？迄今为止，关于"恒星的最高温度是多少"这个问题，科学家们还没有得出一个准确的答案。相信随着空间观测的进步，有关恒星的温度之谜最终会被我们一一破解。

与 探索发现
DISCOVERY & EXPLORATION

恒星的颜色和温度

对于恒星来说，不同的颜色代表了其表面温度的不同。一般说来，蓝色恒星的表面温度在10000℃以上，白色恒星的表面温度为7700℃～11500℃，黄色恒星的表面温度为5000℃～6000℃。

"短命"的五胞胎星团

是恒星风暴"吹垮"了五胞胎星团吗？
为什么五胞胎星团中的恒星看上去会像一个个风车？

　　五胞胎星团是位于银河系中心附近的一个疏散星团，距离地球2.6万光年，是迄今为止发现的质量最大的疏散星团之一。它的实际年龄只有4万年，是一个相对年轻的星团。在这个星团中，有五颗很明亮的红色恒星，它们纷纷由尘埃包裹，外形就像螺旋状的风车，看上去非常美丽。

　　多年来，五胞胎星团似乎一直披着一层神秘的面纱，让人们难以看清它的真面目。首先让人感到疑惑的就是，星团外围为什么会包裹着尘埃层，它们又是由什么物质组成的呢？而且，有科学家过去曾预言，可能是受到银河系中心的引力作用，尽管这五颗恒星的质量至少是太阳的25倍，但这个星团仍然有可能在数百万年后解体。如果这个预言是真的，那么，为什么它们有如此

▽ 五胞胎星团解体之谜，还需要人类的继续探索

巨大的体积却只能有这样短暂的生命？这些谜题一直困扰着人们，直到2007年，科学家总算给出了比较合理的解释。

澳大利亚悉尼大学的彼得·图希尔和美国纽约罗彻斯特理工大学的唐纳德·菲戈一直在从事这项研究。他们使用位于夏威夷的凯克望远镜进行观测，结果发现，五胞胎星团中至少有两颗恒星彼此形成了双星体系，而且这些恒星的周围还形成了螺旋状的尘埃层。菲戈认为，螺旋状外形是由双星体系彼此影响造成的，它们其中必定有一个是沃尔夫·拉叶星，这种星体会向外吹出速度高达每秒2000千米的恒星暴风。恒星暴风会使两颗恒星彼此吸引牵制，最终在周围形成风车般的螺旋外形。同时，由于它们彼此都受到了高速恒星风的影响，其体积会逐渐减小，失散的物质形成了周围的尘埃层，发展到最后，恒星就会彻底解体。

这真的就是五胞胎星团"短命"的原因吗？有的科学家对此结论仍然持保留态度。他们认为，彼得·图希尔和唐纳德·菲戈的观测结果与推论还需要仔细分析。看来，这一推论究竟是不是事实，还需要继续探究。

与探索发现
DISCOVERY & EXPLORATION

星团

星团是由10个以上的恒星组成的、被各个成员星之间的引力束缚在一起的恒星群，可分为疏散星团和球状星团两大类。现在，银河系中已发现的球状星团有150多个，疏散星团有1000多个。

超新星从哪里来

超新星是新生成的恒星吗？
恒星为什么会爆炸？

公元1054年7月4日，东方天空中突然出现了一颗非常明亮的星星。它光芒四射，连金星都不能与它相媲美。23天之后，这颗星星开始变暗，但用肉眼仍能看到。一直过了大约两年的时间，它才从人们的视线中消失。这颗神秘的星星就像一位太空游客，来也匆匆，去也匆匆。于是，我国宋朝的天文学家称它为"客星"。

到了18世纪，有个英国人用望远镜观测天空的时候，在客星出现过的位置上，他看到了一团模糊的气体云，样子活像一只张牙舞爪的螃蟹，于是人们给它取了一个名字叫"蟹状星云"。后来，天文学家经过考证认为，"客星"出现就是超新星爆发，而蟹状星云就是它爆发时抛射出来的气体云。

⊙ 有人认为，超新星可能诞生于恒星爆发

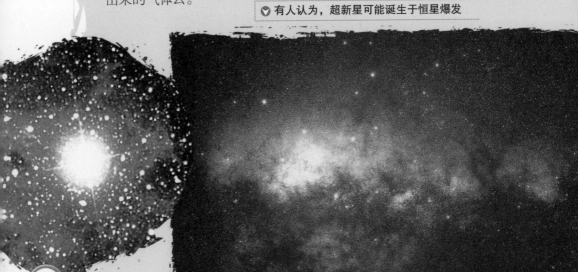

其实，超新星并不是新生成的恒星，它们早就存在于宇宙空间，只不过我们人类无法观测到而已。由于某种原因，一些恒星突然产生了爆炸，亮度一下子增长了上万倍，随后又逐渐变暗，这种星星叫做"新星"。而那些爆炸时亮度极为出众的新星，就被称为"超新星"。

那么，恒星为什么会爆炸呢？实际上，恒星也会经历诞生、成长、衰老和死亡。当恒星步入"老年"时，它就会处于一种很不稳定的状态。是什么原因造成了这种不稳定呢？很多科学家对此进行了猜测和设想。有人认为，恒星本身受到了两个力量的影响，即向外的压力和向内的引力。在正常情况下，这两个力是平衡的。当恒星进入老年后，向外的压力会大大减少，巨大的引力就会使得恒星向中心猛然坍缩，并放射出巨大的粒子流。它们会像飓风一样瞬间将恒星摧毁，并放射出巨大的能量，于是我们就看到天空中有一颗星星突然变亮了。

今天，人们已经发现了越来越多的超新星，但对于它形成的原因，却仍然处于猜想阶段，仍然没有找出真正的谜底。

"藏起来"的中子星

恒星爆炸真的会产生中子星吗？
中子星究竟藏在哪里呢？

1987年2月23日，天文学家目睹了400多年来最明亮的一起恒星爆炸事件。在随后的几个月里，这颗被称为1987A的超新星一直光彩夺目，亮度相当于1亿颗太阳。这颗超新星距离地球16.3万光年，位于大麦哲伦星云中。事实上，它是在公元前16.1万年左右爆发的，但它的光直到1987年才抵达地球。

根据人类现在掌握到的天文学知识，当一颗大质量恒星爆炸时，它会留下某种致密天体，这种天体不是一颗中子星，就是一个黑洞，其结果依赖于前身恒星的质量。也就是说，较小的恒星会演变成中子星，而较大的恒星则会演变成黑洞。

然而，一直到了2005年，天文学家们也没有找到这颗恒星死亡时"创造"出来的黑洞或者是中子星。尽管恒星爆炸的冲击波点亮了周围的气体尘埃云，但它似乎并没有留下

探索发现
DISCOVERY & EXPLORATION

中子星简介

中子星是处于演化后期的恒星，当老年恒星的质量大于十个太阳质量时，它就有可能演化成一颗中子星。典型的中子星密度高、自转速度非常快。

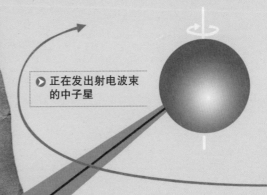

❯ 正在发出射电波束的中子星

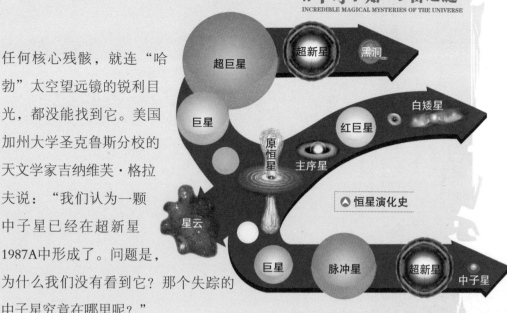

恒星演化史

任何核心残骸，就连"哈勃"太空望远镜的锐利目光，都没能找到它。美国加州大学圣克鲁斯分校的天文学家吉纳维芙·格拉夫说："我们认为一颗中子星已经在超新星1987A中形成了。问题是，为什么我们没有看到它？那个失踪的中子星究竟在哪里呢？"

超新星1987A的前身恒星的质量是太阳的20倍，正好处于形成中子星或者黑洞的分界线上。但是，为什么科学家们认为这次恒星爆炸会形成一颗中子星呢？原来，经过仔细的观察和精密的计算，人们发现这颗恒星的质量还"不够格"，虽然它爆炸后有可能会形成黑洞，但实际上，能真正形成黑洞的恒星，其质量往往比这颗恒星大得多。

既然大家都一致认为1987A中应该会有中子星存在，那为什么看不到它呢？天文学家彼得·查里斯推断说："这颗中子星可能不吸积物质，也不发出足够的光使我们能够看见。"而且，到目前为止，不管是"哈勃"太空望远镜还是"斯必泽"太空望远镜，所有的观测都没能检测到位于超新星1987A中心处的任何光源，因此这个问题至今仍无法解答。

中子星为何会"震动"

中子星上的"地震"是什么样子的？
发生"地震"是因为中子星承受的压力太大吗？

科学家经过研究发现，不光是地球会发生地震，宇宙中的其他星体也会发生类似于地震的震动，中子星就是其中一例。1979年3月5日，一股喷射而出的γ射线突然袭击了太阳系，天文学家们对它的成因困惑不已。直到1999年，天文学家才确定，这一现象是由来自于中子星的γ射线和X射线引起的。正是因为有颗中子星发生了剧烈的震动，才使得它抛射出了γ射线和X射线。

然而，为什么中子星上会发生震动现象？为了找到答案，科学家们展开了更为细致的观察和研究。据报道，天文学家近期观测到了有史以来记录到的规模最大的星震，一颗名为SGR1806-20的中子星在距离地球5万光年以外的地方发生了爆炸，爆炸处位于中子星的表面。而爆炸时喷射出的能量非常巨大，它在1/10秒的时间内释放出的能量是太阳在15万

内部是中子
组成的液体

固体外壳

中子星的结构

年中释放能量的总和。

美国科学家对这一壮观的天文现象经过观测、研究后，大胆做出了一种解释。他们认为，宇宙中存在着一种被称为"磁星"的中子星，它密度极大。在其坚硬的外壳下，还包裹着一个奇异的液体核。更为重要的是，这种磁星具有强大的磁场，而磁场的运动又将磁星表面加热，使星体承受的压力越来越大。最后，磁星爆炸、破裂，引起了星震，抛射出 γ 射线。

但是，也有一部分科学家对这一推测表示反对。他们认为，被称为"磁星"的中子星是不是真的存在，现在还没有确凿的观测证据。而且，即便是真的有这样一种星体存在，它爆裂的原因是不是真的源自于压力过大，现在也没有理论依据来证明。所以，把中子星震动的原因归结为此，是不严谨的。

我们相信，随着空间观测技术的发展，科学家们一定会对中子星的震动之谜给出一个完美的答案。

与
探索发现
DISCOVERY
& EXPLORATION

转得最快的中子星

2007年3月，欧洲空间局的科学家借助强大的"Integral"天文望远镜，发现了迄今为止旋转速度最快的中子星。它每秒旋转1122圈，比地球的自转快得多。

破解恒星爆炸的秘密

恒星爆炸的能量从哪里来？
是恒星内部产生的声波炸掉了这颗恒星吗？

多年来，科学家们认为，超新星是大质量恒星耗尽核心燃料后，在自身重力的作用下开始引力坍缩时形成的。但是，引发恒星爆炸的能量究竟从何而来？这个问题直到现在还是一个谜。

2005年，对恒星爆炸的研究有了新的进展，美国亚利桑那大学的一个研究小组认为：坍缩恒星内部产生的声波蕴含着轰开整颗大质量恒星的能量。当恒星核心的密度与中子星的密度相同时，核心会产生激波。在传统观点中，这种激波是由核心涌出的大量中微子所激发的。这就是中微子机制。但是，中微子可以轻易地穿透物质，以至于它们几乎无法将它们的动量注入激波之中。也就是说，激波无法获得足够的能量，它们在还没有把恒星轰成碎片之前就消散了。

研究者发现，如果中微子无法完成任务，另一种机制就会出来顶替。当核心剧烈振荡时，下落物质的引力能会转化为声波。声波在向外传递的过程中，会相互冲击，融合成一个强大的激波，这样激波就会拥有强大的能量和动量，炸掉整颗恒星。这就是声波机制。

研究还表明，随着声波产生的激波撕开

◀ 想象画：恒星爆炸

恒星的包层，它所创造的环境可以使得较轻的元素聚合起来，形成更重的元素，如金和铀。而且，在这种机制下产生的超新星遗迹是非对称的，这一特点也经常被科学家们观测到。这证明，从恒星内部产生的声波完全有可能会引发激波，并给它注入能量，使它得以炸掉整个恒星。但是，研究小组并没有完全反对中微子机制。他们认为，中微子机制可能对某些恒星是适用的，对其他恒星并不适合。如果它无法工作，声波机制就会接手，炸掉这颗恒星。

德克萨斯大学奥斯丁分校的一个研究小组也赞成声波机制这一说法。不过他们认为，声波是靠核心磁场的冲击产生的。

虽然恒星爆炸的能量来源仍是天体物理学中尚未解决的重大问题之一，但我们认为，以上这些新观点的提出，给问题的解决带来了曙光。希望有一天，人们能彻底解开这个宇宙谜团。

❤ 引发恒星爆炸的能量究竟来源于哪里呢？

探索与发现
DISCOVERY & EXPLORATION

测量恒星的年龄

2006年，澳大利亚科学家提出，可以利用恒星的震动对恒星年龄进行测量。使用这种方式，首先可以帮助科学家确定恒星的化学成分和质量，而这些条件反过来又会告诉人们这颗恒星的年龄。

星星"后退"之谜

HE0437-5439为什么会以极快的速度"飞离"银河系？
大麦哲伦云中有一个超大质量的黑洞存在吗？

2005年，德国的研究人员发现，一颗大质量恒星正在以极高的速度穿行在银河系的外晕之中，飞向茫茫星际空间。令人惊喜的是，这项发现也许会为银河系的邻居——大麦哲伦云的核心中有一个大质量黑洞的存在提供证据。

这颗恒星名叫HE0437-5439，科学家测算了它的化学成分，结果发现它与太阳相似，这证实它是一颗年轻的恒星。HE0437-5439的质量是太阳的8倍，年龄仅有3000万年，距离我们将近200000光年，位于箭鱼座中。更令人兴奋的是，有数据表明这颗恒星正以723千米/秒的速度远离我们而去。HE0437-5439移动得如此之快，以至于银河系的引力都无法使它"浪子回头"。因此人们断定，这颗超高速运行的恒星将会逃入到茫茫的星际空间之中。

由于这颗恒星运动得如此迅速，科学家推测，它一定是在远离目前

❯ 大麦哲伦云

探索发现
DISCOVERY
& EXPLORATION

麦哲伦云

麦哲伦云实际上是银河系的两个伴星系，为肉眼清晰可见的云雾状天体。其中，大一点的那个星系被命名为大麦哲伦云，小的就叫小麦哲伦云。前者距离我们16万光年，后者距离我们19万光年。

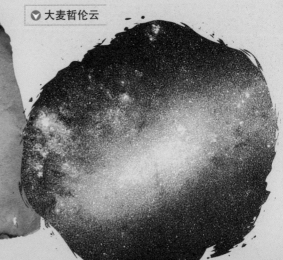

位置的地方诞生的，并且被加速抛离了那里，出现在了我们今天观测到的位置上。是什么使这颗恒星有了如此大的速度呢？20世纪80年代末的计算已经表明，一个超大质量黑洞就可以提供如此巨大的加速度。如果一对双星靠近这种超大质量黑洞，当一颗恒星落向黑洞时，它的伴星就会被抛射出去。而银河系的银心也许就拥有这样一个黑洞，质量约为太阳的250万倍，这可能就是HE0437-5439如此高速的原因。

但是，这颗恒星所需的旅行时间是它年龄的3倍还要多。也就是说，这颗恒星太年轻了，不可能从银心一路旅行到它现在所处的位置，所以它应该是在其他地方诞生和加速的。观测发现，与银河系相比，HE0437-5439距离大麦哲伦云要更近一些。天文学家由此推测，假如这颗恒星是从大麦哲伦云的中心被抛射出来的话，就等于为大麦哲伦云中有一个超大质量黑洞的存在提供了证据。

⬆ 观测星空

至于事实究竟是不是如此，科学家们还在进行细致的观察和研究。相信不久之后，隐藏在这颗恒星背后的秘密一定会被揭示出来。

类星体的**能量**来自何方

类星体的能量是来源于超新星爆炸还是正反物质的湮灭？
类星体的中心是白洞还是黑洞呢？

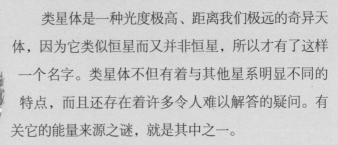

类星体是一种光度极高、距离我们极远的奇异天体，因为它类似恒星而又并非恒星，所以才有了这样一个名字。类星体不但有着与其他星系明显不同的特点，而且还存在着许多令人难以解答的疑问。有关它的能量来源之谜，就是其中之一。

观测发现，类星体的发光能力极强，比普通星系要强上千百倍。更令人吃惊的是，类星体的直径只有一般星系的十万分之一，甚至百万分之一。为什么体积微小的类星体会产生如此巨大的能量呢？关于这个问题，有的天文学家曾猜测，类星体的能量可能来源于超新星爆炸。也有人提出，类星体的中心是一个巨大的黑洞。它不断地吞噬周围的物质，并辐射出巨大能量。甚至还有人提出，类星体的中心是白洞。白洞中心一带聚集的超密态物质，在向外喷射时与周围物质发生猛烈碰撞，从而释放出了巨大的能量。但是，以上这些说法仅仅停留在假说阶段，并没有得到实际观测的证实。看来，要想解开类星体能量来源之谜，还需要科学家的不断探索。

> 类星体光度极高，它类似恒星而又并非恒星

[第二章]

探疑太阳与八大行星

　　浩瀚的宇宙中隐藏着千千万万的谜，太阳系也不例外。除了太阳外，太阳系中最出名的成员就要数八大行星了。现在，虽然我们对太阳系的研究已经有了相当的进展，但仍有很多问题没有得到准确的解释，成了困扰人类的一个个谜团。比如水星上有水吗？夜空为什么会是黑的？火星上到底有没有生命？天王星为何"躺着"自转？……虽然我们还没有找到这些问题的准确答案，可我们相信，随着空间探测技术的发展，这些谜团终会被我们——破解。阅读本章，你将会感受到太阳与八大行星的神奇。

太阳系起源的假说

太阳系是不是起源于一团星云？
太阳"俘获"了身边的星际物质吗？

因为太阳系同人类的关系实在太密切了，所以两个多世纪以来，许多杰出的思想家、科学家都探讨过太阳系的起源问题。人们提出了一种又一种假说，累计起来，已经有40种之多。但其中影响比较大的，主要有以下几种观点。

△ 太阳系的中心——太阳

18世纪时，德国哲学家康德提出了"星云说"。他认为，整个太阳系的物质都是由同一个原始星云形成的，星云的中心部分形成了太阳，外围部分则形成了行星。几十年后，法国数学家拉普拉斯在康德的基础上提出了自己的观点。他认为，原始星云是气态的，灼热无比。它迅速旋转，先分离成圆环，圆环凝聚后才形成了行星，太阳的形成要比行星稍微晚些。尽管两人之间的观点有所区别，但大前提是一致的，因此人们便把这两人的观点统称为"康德–拉普拉斯假说"。

然而，"康德–拉普拉斯假说"无法解释太阳和行星之间的动量矩的分配问题，因此在20世纪初，"灾变说"

◁ 地球围绕太阳旋转，四季由此形成

▲ 关于太阳系的起源，有不同的观点

盛行起来。这一假说认为，太阳是太阳系中最先形成的星球。在一个偶然的机会里，一颗星体从太阳附近经过，它带走了太阳表面的一部分物质，这些物质后来就形成了行星，太阳系也由此而来。

但是，天文学家们的计算表明，一个小天体如果与太阳相撞，是不可能把太阳上面的物质"撞出来"的，它只会被太阳吞噬掉。而且，气体中的物质在空间弥散开来之后，不会发生凝聚现象。在这种情况下，"俘获说"便应运而生。这一假说认为，太阳在星际空间运动时，遇到了一团星际物质，它就靠自己的引力把这些物质据为己有。后来，这些物质在太阳引力的作用下加速运动，像滚雪球一样越滚越大，最后就逐渐形成了行星。

尽管以上各种假说都有充分的观测、计算和理论依据，但它们也有致命的不足。因此，有关太阳系的起源问题，到现在都还是一个未解之谜，希望在不远的将来，科学家能给我们一个确切的答案。

与 探索发现
DISCOVERY
& EXPLORATION

太阳系简介

太阳系是由太阳以及在其引力作用下围绕它运转的天体构成的天体系统，由太阳、八大行星、卫星、彗星、小行星及星际物质组成。太阳是太阳系的中心。

寻找太阳系的尽头

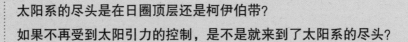

太阳系的尽头是在日圈顶层还是柯伊伯带？
如果不再受到太阳引力的控制，是不是就来到了太阳系的尽头？

　　太阳系的边界在哪里？迄今为止，这个问题一直没有得到解决。有的科学家认为，太阳会喷出高能量的带电粒子，这就是"太阳风"。太阳风吹刮的范围会到达冥王星轨道外面，形成一个巨大的磁气圈，它被叫做"日圈"。而日圈的终极边界叫做"日圈顶层"，这就是太阳所能控制的最远端，我们可以把这里视为太阳系的尽头。

　　但是有的科学家却认为，柯伊伯带才是太阳系的边界。它距离太阳40～50个天文单位，布满了大大小小的冰块状物体，是太阳系大多数彗星的来源地。还有的科学家提出，我们可以把太阳的有效引力范围作为找到太阳系边界的标准。一旦超出了这个范围，无法再受到太阳引力的控制，就等于越过了太阳系的边界。

　　为了破解这一谜团，人类发射的两个探测器已经飞到距离太阳99亿千米和76亿千米的地方，希望它们能够帮助人类找到太阳系的尽头。

❤ 太阳系八大行星在各自轨道上围绕太阳旋转

冥外行星真的存在吗

冥王星外还有别的行星吗？
为什么从理论上来说，太阳系应该还有大行星存在呢？

天文学家们寻找行星，主要是通过牛顿的力学定理，根据观察资料推算出它的运行轨道，然后再到轨道附近去搜寻。海王星和冥王星就是这样发现的（2006年，冥王星正式降格为矮行星，不再属于大行星行列）。可是，冥王星的运动规律仍然与计算结果不符，于是人们猜想，在冥王星之外是不是还有一颗大行星呢？而且，太阳的引力作用范围是很大的，大约可以达到4500个天文单位（一个天文单位约149597870千米），而冥王星距离太阳只有39个天文单位。因此，太阳系的边缘远应在冥王星之外。所以从理论上来说，太阳系应该还有大行星存在。

在发现冥王星后的14年里，人们一直在用发现冥王星的方法寻找冥外行星，但是却并没有找到它们。科学家们认为，如果真的有冥外行星，飞近它的探测器势必会受到影响，这样我们就可以找到它。但是，从空间探测器发回的照片中，人们并没有发现冥王星外还有新行星存在的证据。看来，这个谜还需要人类不断探索才能破解。

▶ 冥外行星是否真的存在？

寻找太阳的"伴侣"

太阳是不是真的有一颗伴星存在？
是太阳的伴星造成了地球上某些生物的灭绝吗？

　　1846年，天文学家注意到天王星出现了一种偏离正常轨道的"摆动"，这意味着有一颗新行星对它产生了引力拖拽，海王星由此得以发现。

　　今天，科学家们又遇到了同样的问题。美国路易斯安那大学的科学家们在研究了82颗来自奥尔特星云的彗星轨道之后发现，这些彗星似乎都受到一个位于太阳系边缘、冥王星之外巨大天体的引力的影响，使得它们的轨道都呈带状分布，同时它们到达近日点的时间也会发生周期性变化。

　　到底是什么影响了彗星的轨道呢？路易斯安那大学的科学家们提出了一个假设。他们认为，在我们太阳系边缘的黑暗地带，存在着一颗神秘的太阳伴星——褐矮星。也就是说，我们太阳系里拥有两颗恒星，这颗褐矮星与太阳相互绕着彼此旋转，它距离太阳大约半个光年左右，

❤ 有人认为，是太阳的伴星造成了地球上某些生物的灭绝

表面温度仅为太阳温度的十分之一。

科学家们提出，他们之所以得出这样的结论，是因为没有任何其他理论可以解释彗星轨道的奇怪变化。如果这颗伴星是一颗褐矮星，那么质量较小的它将无法进行核反应。由于处在远离太阳的黑暗地带，它根本无法接受较多的太阳光，也不会有任何光线反射回来。所以在冥王星被发现后的70多年里，人们至今也没有观测到它的存在。

△ 太阳真的有一颗伴星吗？

路易斯安那大学的科学家们还认为，这颗潜伏在黑暗之处的太阳伴星，可能就是给地球带来物种灭绝的罪魁祸首。因为这颗褐矮星的运动速度十分缓慢，它的运行轨道每隔3000万年就会定时"冲"向彗星密集的奥尔特星云，巨大的引力会将星云中的一些彗星"拽"出来，把它们送往近日轨道。如果其中一些彗星撞到地球上，就会造成大规模的物种灭绝。

据报道，美国已于2005年8月发射了一架新一代的红外线太空望远镜，它将验证路易斯安那大学的科学家们的惊人假设是否正确。如果这颗伴星的确存在，这架望远镜将能捕捉到它的身影。看来，我们只有拭目以待了。

探索发现 与
DISCOVERY & EXPLORATION

褐矮星简介

褐矮星是介于恒星与行星之间的天体，可以发出暗红色的光芒，表面温度为2000℃～3000℃。由于质量不够大，褐矮星无法进行核聚变反应，因此被科学家们称为"失败的恒星"。

太阳的**能量**来自何处

太阳之所以能释放出巨大的能量，是因为它在不断收缩吗？
太阳的能量是不是来源于核聚变反应？

太阳是地球万物生长的动力源泉，它每时每刻都在向外释放着巨大的能量。可是，太阳的能量是从哪里来的呢？

一位美国科学家根据格林尼治天文台自1836年以来的测量数据推算后认为，在近100年间，太阳直径缩短了1000千米。经过大量的观察研究，科学家们认为，太阳有可能每100年收缩0.1%。于是有人提出，太阳之所以能够释放出巨大的能量，是因为它在引力作用下不断收缩的缘故。

但是也有科学家认为，太阳的能量来源于自身的核聚变。因为太阳是一个大质量天体，当这样的天体不断收缩并发热时，核聚变反应就会产生高温并向其周围辐射能量。太阳之所以能如此长久而猛烈地向宇宙空间辐射能量，是由于它拥有大量能进行核聚变的物质。当这些物质燃烧完后，太阳的能量就会逐渐消失。虽然这种观点已经得到了大部分人的认同，但仍有一些根本性的问题没有得到解决。比如：产生核聚变反应的物质从何而来？因此，太阳能量来源之谜，还有待科学家们的进一步探索。

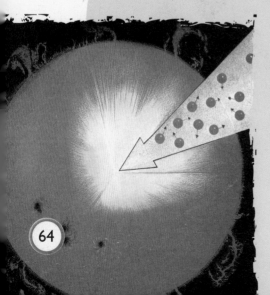

◀ 科学家们提出，太阳通过核聚变向外释放能量

中微子跑到哪里去了

中微子真的失踪了吗？
"失踪"的中微子去了哪里？

科学家们认为，如果太阳真的会进行大规模的热核反应，那就应该产生大量的中微子。为了证明这一理论的正确性，科学家们设计了专用仪器来测量太阳中微子的实际数目。他们在地下深达1.5千米的金矿里安装了一个大罐子，里面装有四氯乙烯溶液，它可以用来俘获中微子。然而，检测结果表明，实际的太阳中微子数目只有理论预言的1/3。也就是说，大量的太阳中微子失踪了！

科学家们经过认真仔细的研究，认为问题应该出在中微子身上。研究人员将新的数据与以往的研究成果相结合，发现太阳释放出的一部分电子中微子在旅途中转变成了其他类型的中微子，而我们目前的检测手段只能测量出电子中微子的存在，也许这样就可以解释太阳中微子短缺之谜。

但是到目前为止，关于中微子还有很多问题有待进一步研究。比如，太阳释放出的电子中微子为何会转化为其他类型？如果这些问题得不到解释，太阳中微子短缺之谜就不能真正破解。

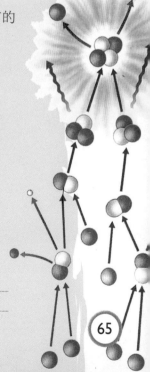

▶ 能产生中微子的太阳核反应示意图

65

水星的莫测身世

> 水星是由凝固的金属铁及其他物质堆积而成的吗?
> 水星是由原始行星的金属铁融合而成的吗?

在太阳系中,最靠近太阳的行星就是水星。它是如何诞生的呢? 对此,科学家们提出了两个截然不同的观点。其中一种观点认为,由于水星最靠近太阳,所以它是在原始太阳系星云中的高温区域,由凝固的金属铁及其他物质堆积而成。另一种观点认为,水星是在巨大的原始行星互相碰撞的时候,由彼此的金属铁融合而成的。不过,究竟哪一种说法更接近事实,现在还没有确切的答案。由于水星与太阳距离较近,照射到水星表面的阳光十分强烈,地球上的观测设备和太空中的"哈勃"太空望远镜都难以对水星进行直接观测。20世纪70年代,美国宇航局发射的"水手10号"探测器曾3次飞掠水星,但由于种种原因未能进入环水星轨道,仅拍摄了一部分水星表面的照片。2004年,美国"信使"号水星探测器成功发射,预计会在2011年进入水星轨道。相信到了那个时候,水星的身世之谜将会大白于天下。

▶在太阳系中,水星距离太阳最近

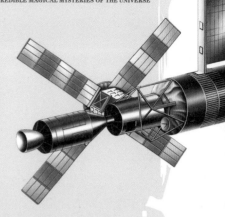

水星上有水吗

水星的两极地区是不是有水存在？
陨石坠落会给水星带来水吗？

水星上有水吗？观测发现，水星上的大气压非常低，极高的温度、微弱的引力和强大的太阳风使水星表面的气体很快地向太空逃逸。因此，科学家们一直都认为水星上不会有任何形式的水存在。1991年，美国科学家在对水星进行雷达回波实验时惊奇地发现，从水星北极反射回来的信号特别强，这表明水星北极的表面物质与其他地方不同，有很高的反射率。科学家认为，只有水或者冰才会产生如此之强的反射信号。

但是，在这么恶劣的环境下，怎么可能存在水或者冰呢？科学家又提出了这样一种设想，因为水星的自转轴几乎垂直于它的公转轨道面，它两极一些深陷的陨石坑可能永远受不到太阳光的照射，里面的温度有可能在−160℃以下。因此，太空陨石坠落时带来的冰或者从内部挥发出来的水汽能够一直保留在水星两极的陨石坑内。事实果真如此吗？到现在为止，还没有实际观测表明水星上存在着水或者冰，所以这些问题都还没有得到根本性的解决，需要科学家进行更深一步的探索。

水星磁场从何而来

水星磁场是不是形成于水星早期？
水星与太阳风的相互作用是磁场形成的原因吗？

"水手10号"第一次飞越水星时，意外地探测到水星似乎存在着一个很弱的磁场。在后来的几次探测中，水星磁场的存在得到了证实，它是一个基本上与自转轴平行的对称性磁场。

然而，水星磁场是怎样形成的呢？有人认为，在水星形成的早期历史阶段，它的液态核心还没有凝固，磁场就是在那个时候产生的，并一直保留到现在。这种观点遭到许多人的反对，他们认为，在过去的几十亿年当中，由于放射性元素产生热能或者陨石袭击等原因，使得水星内部相应部位的温度上升到物质丧失磁性所必需的最低温度之上，从而使残留下来的磁场完全消失。所以，即使当时保留了部分磁场，现在也早已消失了。因此水星磁场不可能产生在水星形成的早期历史阶段。还有人认为，水星与太阳风持续不断地相互作用，也许是磁场产生的原因。但是，研究表明，这种相互作用虽然会产生磁场，却不可能产生与自转轴平行的对称性磁场。现在看来，要想破解水星磁场的形成之谜，还需要人类的不断探索。

◀ 水星

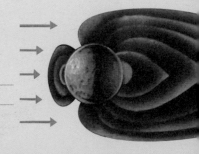

▶ 探测表明，水星也有磁场

水星**密度**之谜

水星为何有如此大的密度?
是表面物质的消失导致了水星的高密度吗?

核

幔

壳

⚠ 水星的构造

水星的密度为5.43克/立方厘米,是太阳系中密度第二大的天体,仅次于地球。为何水星会有如此高的密度呢?有一种观点认为,在水星形成的早期,它既有地壳和地幔,也有一个金属-硅酸盐核心,那时它的质量大约是现在的2.25倍。但是,一个突如其来的星体与水星相撞,导致它的地壳和地幔被撞裂,散失在了宇宙空间,只留下了一个金属核心,并最终导致了高密度的出现。另一种观点认为,水星的形成时间应该早于太阳和太阳系的其他行星。那时,水星的质量大约是现在的两倍,但由于太阳的逐渐形成,水星的温度达到了大约 2500℃~3500℃,它表面的许多岩石在这种温度下碎裂、蒸发,形成了"岩石蒸气"。随后,"岩石蒸气"被星际风暴带走,这样水星就只留下了一个金属核心。还有观点认为,水星在形成之时就特别"偏爱"吸引密度较大的粒子,所以才有如此大的密度。

实际上,人类现在对水星的认识还相当有限,也无法判断究竟哪种观点才是正确的。看来,只有今后的实地探测才能揭开这个谜底。

"火神星"是否真的存在

为什么勒威耶会认为有火神星存在？
到现在为止，人类观测到火神星了吗？

△ 图为水星经过太阳圆面时的照片，箭头所指处就是水星

19世纪，法国天文学家勒威耶在研究水星轨道的观测记录时，发现了一件不可思议的事情：水星近日点进动明显反常。

什么是水星近日点进动呢？原来，当行星沿着椭圆形轨道绕太阳旋转时，它最靠近太阳的那一点（即"近日点"）会不断移动。1859年，勒威耶根据多次观测所得到的水星近日点进动值，要比按照牛顿万有引力定律计算所得出的理论值快。如何解释这种异常现象呢？勒威耶大胆猜测，在水星轨道内，还有一颗行星正在用"引力巨手"拉着水星跳"交谊舞"。他根据牛顿定律预测了这颗行星的轨道，并为它命名为"火神星"。

勒威耶的预言如同一石激起千层浪，人们纷纷把天文望远镜指向太阳方向，人人都想找到这颗新行星。不久，巴黎远郊乡镇一位姓勒斯卡博的小木匠宣称，他在太阳圆面上观测到了未知行星的投影，还测得它的直径为水星的1/4。火神星的"发现"顿时轰动了整个欧洲！巴黎科学院立即召开紧急

会议，请勒威耶做专题报告。勒威耶根据木匠提供的观测资料，修正了原有的轨道数值，得出火神星离太阳大约2100万千米，绕太阳一周需要20天，下一次在日面上出现（即"凌日"）的日期是1877年3月22日。

现在，所有的探测器都没有找到火神星的踪影

但是，在勒威耶预报的"火神星凌日"那天，人们却没有看见它的踪影。尽管如此，勒威耶还是对火神星的存在坚信不疑。

1915年，爱因斯坦发表了广义相对论。这一理论可以解释为什么水星近日点进动会出现反常。这样一来，许多人开始质疑火神星是否真的存在。但是，随着科学的发展，一些天文学家对爱因斯坦的观点产生了怀疑，他们仍然把搜寻火神星作为重大的研究课题。然而，包括"水手10号"在内的所有探测器都没有找到火神星的一点踪影，关于它是否真的存在，目前还是一个谜。

勒威耶预言，在水星轨道内，还有一颗行星存在

探索发现
DISCOVERY & EXPLORATION

勒威耶

勒威耶是法国天文学家，1811年3月10日出生于诺曼底。他于1846年用数学方法推算出了海王星的轨道并预告了它的位置。另外，他还研究过太阳系的稳定性问题和行星理论，编制了行星星历表。

金星为何逆向自转

金星的自转方向是怎样的？
是别的星体与金星相撞改变了它的自转方向吗？

金星常常在天空的南端闪闪发光，按距离太阳由近到远的顺序，它排名第二，是离地球最近的行星。有人称金星是地球的"孪生姐妹"，确实，从结构上看，金星和地球有不少相似之处。但是，金星的表面温度非常高，而且还严重缺氧，自然条件相当残酷。最为特别的是，金星是太阳系中唯一一颗逆向自转的大行星，它的自转方向与其他行星相反，是自东向西。因此，在金星上看，太阳是西升东落的。

为什么金星会有如此特别的自转方向呢？科学家们展开了严密细致的研究。有人猜测，在金星形成的早期，可能有一个小天体与它相撞，巨大的力量使得金星"转"了个身，从此开始自东向西旋转。但是，这种观点现在还没有得到证明，它还停留在假说阶段。

从20世纪60年代起，苏联和美国就对金星展开了探测。现在，科学家们已经获得了大量有关金星的科学资料。相信在不久的将来，金星逆向自转之谜一定会被揭开。

◄ "麦哲伦"号金星探测器

金星上有过**大海**吗

金星上是不是有过大海？
如果金星上有过大海，那它们又去了哪里呢？

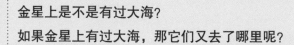

因为金星与地球有相似的自然条件，所以人们猜测，金星上可能有大海存在。然而，20世纪70年代，苏联的"金星"号系列飞船在金星上着陆后，并没有找到有海洋存在的证据。这一假说由此被推翻。

到了20世纪80年代，美国科学家波拉克·詹姆斯再次提出了这一假说。他认为，金星上确实存在过大海，不过后来又消失了。他还分析了大海消失的原因，一种可能是，在金星形成的早期，它内部曾散发出像一氧化碳那样的还原气体，由于这些气体与水的相互作用，把水分消耗掉了。第二种可能是，由于金星上大量的火山爆发，大海被炽热的岩浆烤干了。美国密执安大学的科学家在这一基础上又提出了新的看法。他们也认为，金星上确实存在过大海。到了后来，太阳的温度异常升高，加上金星的自转速度过慢，经不起烈日酷晒，大海就这样被烤干了。

究竟金星上是不是存在过大海，现在还没有人能够给出准确的答案。

▼ 人们猜测，金星上可能存在过大海

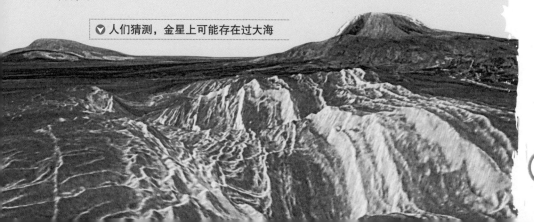

离奇失踪的卫星

金星到底有没有卫星？
如果金星有卫星存在，那它跑到哪里去了呢？

1672年，意大利天文学家卡西尼观测到了一个离金星非常近的天体。它会不会是金星的卫星呢？卡西尼决定先不把他的发现公诸于世。但在1686年，卡西尼再次观测到了这个天体，他经过仔细研究后对外宣布，自己发现了金星的卫星，它的体积是金星体积的1/4。从这以后，又有一些天文学家分别在1740年、1759年和1761年先后观察到了金星的卫星。

然而，更多的天文学家认为，金星没有卫星！因为他们无论怎样都没有观察到它的存在。针对这场争论，1766年，维也纳天文台的科学家解释说：以前观察到的金星卫星只是一种光学幻影！由于金星太明亮了，它的光会在我们的眼睛里引起强烈的反光，这种反光又会被望远镜的镜片再次反射回来，这样我们眼前就会出现一个较小的黯淡的影像，人们就误以为看到了金星的卫星。

但是，观测到金星卫星的天文学家并不同意这个观点。他们认为，如果那真的只是一个光学幻影，那它不可能到处运动。这些科学家们预测，在1777年6月1日金星凌日发生时，人们就可以清楚地看见卫星。但是，

探索发现
DISCOVERY & EXPLORATION

金星简介

金星是太阳系的八大行星之一，它的体积是地球的0.88倍，质量约为地球的4/5。但是，强烈的温室效应、极高的大气压力和严重缺氧，使金星上的自然条件相当残酷。

那一天没有任何人观测到金星卫星的踪影。

8年后，也就是1785年6月再次发生金星凌日时，天文学家们又一次失望了——他们还是没有看到金星卫星！这究竟是怎么回事？金星到底有没有卫星？科学家们全都迷惑了。

1884年，比利时布鲁塞尔皇家天文台的台长分析了他所观测到的数据，认为这颗时隐时现的天体不是金星的卫星，而是围绕太阳运转的小行星。只是因为它距离太阳最近时，正好在金星轨道附近，所以被误认为是金星的卫星。而且据他推算，这颗行星围绕太阳运转一周的时间是283天，它每隔2.96年才会与金星碰面，每隔20多年才会在金星凌日时出现一次，这就解释了为什么人们看不到它的原因。

虽然这个观点有一定的道理，但很多人还是相信金星有卫星存在。他们对比利时皇家天文台的观点提出了反驳，理由是：如果这个星体真的是一颗小行星，那它为什么会发光？对此问题，没有人能够做出解释。然而，如果金星确实有过一个卫星，那它跑到哪里去了呢？它是什么时候，出于什么原因离开金星的？这一切都还是一个谜。

◆ 金星究竟有没有卫星，现在还说法不一

地球是怎样形成的

地球是彗星与太阳"撞"出来的吗？
地球是不是在原始星云中诞生的？

我们生活的这个地球是如何形成的？随着科学的进步，关于地球成因的学说已经多达十几种，如"彗星碰撞说""宇宙星云说""双星说""行星平面说""卫星说"等。

在以上众多的学说当中，"彗星碰撞说"是法国生物学家布封于18世纪提出的。他认为，是一颗闯向太阳的彗星，撞下了太阳表面的物质，使包括地球在内的行星得以形成。

不过，相当多的科学家更认同德国哲学家康德的"星云说"与法国数学家拉普拉斯的"宇宙星云说"。这两者都认为，太阳系早期是一片由炽热气体组成的星云，当气体冷却收缩后，星云就会开始旋转。由于重力的作用，气体收缩。旋转速度加快，星云就会变成扁扁的圆盘状。在收缩、旋转的这一过程中，当周围物质受到的离心力超过了中心对它的吸引力时，星云就会分离出一个圆环。就这样，一个又一个的圆环产生了。最后，中心部分的物质凝聚成太阳，周围圆环中

地球表面

⚠ 有的科学家认为，地球是在原始星云中诞生的

的物质凝聚成了行星，其中一颗就是地球。

然而，随着科学的发展，人们发现这一假说也暴露出了不少问题。例如：根据天文学家观察到的事实，在太阳系内，太阳本身质量占太阳系总质量的99.87%，角动量（描述物体转动状态的量）只占0.73%；而其他八大行星及所有的卫星、彗星、流星群等总共占太阳系总质量的0.13%，但它们的角动量却占99.27%。

⚠ 地球是人类的家园

这个奇特现象，天文学上称为"太阳系角动量分布异常问题"。而"陨星说"与"宇宙星云说"对产生这种分布异常的原因却"束手无策"。

另外，科学家们发现了越来越多的太空星体互相碰撞的现象。如：1979年8月美国的一颗人造卫星P78-1拍摄到，一颗彗星以560千米/秒的高速，一头栽入了太阳的烈焰中。12小时以后，彗星就无影无踪了。既然宇宙间存在天体相撞的事实，那么，"彗星碰撞说"的可能性依然存在。

今天，有关地球起源的学说层出不穷，但关于地球是怎样形成的，目前仍是一个谜。

探索发现

与

DISCOVERY & EXPLORATION

地球简介

地球是太阳系的八大行星之一，按照距离太阳由近到远的顺序，它排在第三位。地球有一个天然卫星——月球，地球内部是由核、幔、壳构成的，外部包裹着水圈、大气圈和磁层。

地球为什么会转动

地球是怎样转动起来的呢？
地球转动的能量是不是来源于势能与动能的转化？

众所周知，地球在一个椭圆形轨道上围绕太阳公转，同时又绕地轴自转。因为这种不停的公转和自转，地球上才有了季节变化和昼夜交替。然而，是什么力量在驱使地球这样永不停息地运动呢？地球最初又是如何运动起来的呢？

对于这个问题，英国科学家牛顿提出了"第一推动力"的观点。他认为，是上帝设计并塑造了这完美的宇宙运动机制，且给予了第一次动力，使它们运动起来。在牛顿看来，整个宇宙天体的运动就像是上好了发条的机械时钟，准确无误，完美无缺。但是，用现在的科学观点来看，这显然是违背基本科学原理的。

现代天文学理论认为，旋转运动自始至终伴随着地球的形成过程。要理解这一点，必须弄清楚地球和太阳系的形成原因。科学家们普遍认为，

◄ **地球仪上南北两极伸出的金属棒代表着地轴**

探索发现 与
DISCOVERY & EXPLORATION

地球的公转与自转

地球每时每刻都在围绕着地轴，自西向东进行自转，旋转一周就是一天，约等于23小时56分钟4秒太阳日。地球在自转的同时，还以太阳为中心，自西向东进行着公转运动，公转一周就是一年。

50亿年前，受某种扰动的影响，原始星云在引力的作用下向中心收缩。经过漫长的演化，中心部分物质的密度越来越大，温度也越来越高，终于达到可以引发热核反应的程度，最后它就演变成了太阳。而太阳周围的残余气体则逐渐形成一个盘状气体层，经过收缩、碰撞、捕获、积聚等过程，在气体层中逐步聚集成固体颗粒、微行星、原始行星，最后形成一个个独立的大行星和小行星等天体。而原始星云在向扁平状发展的过程中，势能（物体由于具有做功的形势而具有的能）变成动能（物体由于运动而具有的能），最终就旋转起来了。地球转动的能量来源也许就是势能最后变成动能所致。

也许有人会问，地球运动需要消耗能量吗？如果答案是肯定的，那么地球消耗的能量又是从哪里来的呢？如果它不需要消耗能量，那么它会永远转动下去吗？而且，地球为什么要选择以现在的方向、姿态、速度转动？其实，这些都还是现代科学至今也没有解决的问题。

◀ 地球围绕着一根假想的轴——地轴，自西向东自转

夜空为什么是黑的

夜空为什么会是黑漆漆的?
为什么除了太阳之外,别的恒星都没法把地球照亮呢?

在我们的生活里,最常见的事情往往隐藏着最难以解释的奥秘。例如,对于"夜空为什么是黑的"这个问题,直到现在也没有找到准确答案。

也许有人会说,因为地球自转的缘故,当我们面对太阳的时候就是白天,背对太阳的时候就进入了黑夜。但是,除了太阳之外,宇宙中还分布着无数颗恒星,它们的亮度和大小都远远超过了太阳,为什么连它们都无法把地球照亮呢?

有的科学家认为,由于宇宙在不断地膨胀,各种星体也就在不停地向远处"飞行"。星系越远,恒星发出的光就越黯淡。而那些离我们非

▼ 希望在不久的将来,人类能解开夜空黑暗之谜

常遥远的恒星，当它们的光到达地球的时候，其能量已经接近于零，所以我们看到的夜空就是黑暗的。

还有人认为，黑暗的夜空反映的是宇宙诞生之前的样子。因为光的传播速度是有限的，那些离我们十分遥远的星系，它们发出的光到达地球需要几百万年甚至几十亿年的时间。而我们人类大约在300多万年前出现，这时，宇宙中其他星系发出的光还没有到达地球。所以，我们现在看到的黑暗夜空就是宇宙诞生之前的样子，而并不是宇宙现在的状态。这种观点虽然也有道理，但它也遇到了许多难以解释的问题。比如：既然黑暗的夜空是宇宙还没有诞生时的样子，那么宇宙又是怎样形成的呢？它是怎样演化成现在这个样子的呢？看来，只有先弄清了宇宙起源的问题，才能证明这一理论的正确性。虽然宇宙大爆炸学说已经被大多数天文学家所接受，但它仍然是一种推测，还没有得到科学的证实。由此可见，这一说法也不能成为定论。

那么，"为什么夜空是黑的"这个问题，我们究竟该怎样回答？现在看来，只有等一代又一代的人经过努力探索之后，才能做出正确的解释了。

探索发现
DISCOVERY & EXPLORATION

什么是光速

光速就是光波或电磁波在真空或介质中的传播速度，为299792458米/秒。到目前为止，没有任何物体或信息运动的速度可以超过光速。

地球上的水来自何方

地球上的水是地球本身就有的吗？
是不是彗星给地球带来了大量的水？

在太空中看去，地球散发着蔚蓝色的光芒，非常美丽，这是因为地球表面覆盖着大量的水。然而，地球上的水究竟是从哪里来的呢？

传统理论认为，这些水是地球本身就有的。早在地球形成之初，水就以蒸气的形式存在于炽热的地心中。后来，频繁的火山活动使大量的水蒸气及二氧化碳通过火山口喷发出来，冷却之后就渐渐形成了河流、湖泊和海洋。

随着科学技术的发展，这一理论也受到了挑战。为了寻求地球水的渊源，有人把目光投向了宇宙。1981年，美国天体物理学家路易斯·弗兰克独辟蹊径，提出了一个惊人的新理论——地球上的水来自于外太空的彗星，它们不断地把水从高层注入大气。众所周知，彗星由大量的冰块及少量尘埃微粒混合而成。

◆ 水是生命之源，地球表面覆盖着大量的水

▲ 有人认为，是火山活动使水蒸气喷发出来

紧缺的地球水资源

在地球上的水资源中，可供饮用的淡水资源只占总量的3%。在这3%的淡水中，可供直接饮用的只有0.5%。所以说，水是地球上的宝贵资源，现在已经日益紧缺。

他认为，彗星在刚接近地球时是一颗直径约为20千米的冰球，然后在地球引力的作用下破裂，并被阳光汽化，最后转化为雨降落到地面。据弗兰克估计，每年大约有1000万颗这样的冰雪球进入地球大气层，每颗雪球可以融化成100吨水。一年后，它们便能使地表均匀地增加5~10厘米深的水，每年可以使地球增加10亿吨水。地球形成至今已有46亿年的历史，如此算来，地球总共可从彗星上获得约460亿亿吨水，是现今地球总水量的3倍还多，足以形成河流、湖泊和海洋。

弗兰克的观点一提出，立即引发了一场争论。有的科学家认为，如果这些彗星给地球带来了大量的水，那么它们同样也会滋润太阳系中别的星球，可是金星、火星和月球上为什么不像地球一样存在着大量的水呢？对于这一问题，弗兰克没有做出回答。现在看来，关于地球上的水究竟来自何方，还需要不断地观察试验，以便得出科学合理的结论，彻底解开这个谜。

◀ 科学家在一颗陨石中找到了含有水分的盐晶体

地球上的生命起源

生命诞生于地球还是火星？
是海底的原始火山孕育出了生命吗？

生机勃勃的地球

多年来，地球生命的起源一直是个争议颇多的问题。科学家们从各个方面提出了生命起源的线索，但问题的答案依旧扑朔迷离。

有人认为，原始生命是在原始地球上产生的。原始地球大气是有机分子的诞生地，有了它才会孕育出生命。1953年，美国大学生斯坦利·米勒模拟原始地球大气，将氨、甲烷、氢和水蒸气混合在一起，然后对这些混合气体进行放电，获得了组成生命的基本材料——氨基酸。他通过实验证实，在原始地球条件下，生命诞生是完全有可能的。

然而有的科学家却认为，生命是从火里诞生的，是海底的原始火山孕育了生命。他们提出，在地球的太古代时期存在着深海火山，原始生命就是在那里诞生的。19世纪70年代，科学家对大洋中脊火山喷口的研

想象中的原始海洋

▶ 还有的科学家认为，
生命来自于火星

究表明，海水通过深海火山口与炽热岩浆直接连通，深海火山口附近存在巨大的温度落差和化学变化，可能形成多种溶解物。这些物质在高温下化合，形成氨基酸，最终化合为类似细胞体的物质。

还有的科学家认为，生命来自于火星。从探测器带回来的火星陨石来看，它们是由彗星或者小行星撞击火星表面形成的。这种撞击足以将火星表面携带微生物的岩石抛到火星引力之外的地方。科学家们估计，虽然只有极少数的岩石能够到达地球，但它们已经足以将生命的种子带到地球上来。据"火星探路者"发回的观察结果表明，火星南北两极有冰盖存在。所以，支持这一说法的人认为，只要火星上有水存在，就完全有可能诞生生命，这也就间接地证明了"生命来自于火星"这个观点。

除了以上的观点之外，有关地球生命起源的假说还有很多种，但究竟哪一种才是生命起源的真正原因，这个谜团还等待着人类去继续破解。

▼ 原始地球上的生物

探索发现
DISCOVERY & EXPLORATION

生命的诞生

科学家们大都认为，在一定条件下，无机物会合成为有机小分子，如氨基酸；再由有机小分子合成为生物大分子，如蛋白质；生物大分子在原始海洋中长期互相作用而构成核酸等多分子体系，一个原始生命就这样诞生了。

地球的荷重在变化吗

坠落的陨石能增加地球的荷重吗？
地质活动能减少地球的荷重吗？

地球的荷重有什么变化？对于这个问题，有些人可能认为无关紧要，但是它却与我们的生活息息相关。

地球荷重的消长，会影响其自转速度，而地球自转速度的改变将首先影响时间的制定。其次，地球自转速度的改变也会对气候产生影响。这种影响是复杂的，涉及洋流、降水、季风、大气环流以及灾害天气的发生频率等。

目前科学界对地球的荷重在增加还是减少的问题，存在两种截然相反的观点。一种观点认为，地球的荷重在增加。持这种观点的人认为，近10亿年来地球曾遭到数不清的陨石撞击，其中直径大于1000米的陨石的坠落事件达100万次之多。在地球引力的作用下，它至今仍不断地"俘获"掠过地球轨道的小天体。同时大量的宇宙尘埃以每天50万吨的速度降落到地球上，所以地球的荷重每天都在增加。

持相反观点的人认为，虽然地球是固态的星球，自身质量很难扩散到宇宙中，但地球上的气体和水蒸气会挥发并扩散到太空中去，导致地球的荷

有的学者认为，火山喷发会使地球荷重减少

有学者认为，森林等地球资源被大量利用，会使地球荷重减少

世界人口快速增长
DISCOVERY & EXPLORATION

目前，世界人口的增长速度很快，每天大约出生37万人，每年增长约8296万人。据联合国经济及社会事务部预测，到2300年，地球人口总数将达到90亿。

重减少。另外，频繁的地震和火山喷发等地质活动也会使地球的荷重减少。地球在剧烈的地质活动中会发生能量与质量的迁移，地球内部的物质会随着火山喷发转化为另一种化学形态而被迁移出地球，使地球的重量逐渐减轻。

有人认为，地球的荷重还与人口的增长有关，人口的增长与消耗是成正比的。人类为了生存，不断地开发着地球上有限的资源，如石油、煤炭、森林、矿藏等，这些被人类利用的地球资源改变了它们原来的化学形态，而且不可再生的资源更是面临着枯竭，正是人口的增加加速了地球荷重的减少。

对于地球荷重增减的争论无论谁对谁错，最终付出代价的终将是我们人类自身。茫茫宇宙，能给予我们适合生存的家园现在只有一个——地球，我们要做的不应仅仅是破坏它。

人口增长会增加地球的荷重吗？

猜想5000万年后的地球

5000万年后地球的主人是谁?
5000万年后人类还存在吗?

人类在享受现代工业文明带来的舒适物质生活的同时,地球的环境却遭到了前所未有的严重破坏,人类赖以生存的自然环境已经变得越来越不适合人类生存。同时,

△ 5000万年后,地球将由鼠类主宰?

一直伴随人类社会存在着的种族和宗教矛盾,从未得到过彻底的解决,战争的阴云一直笼罩着人类。而且在技术进步的推动下,现代和未来的战争对人类本身造成的危害更是空前巨大的。因此,对于人类的未来命运,科学家们十分悲观。为了警醒世人,科学家们为我们描述了5000万年后地球的景象。

那时,地球早已不是我们所熟知的美丽的蓝色星球,地球上气候恶劣,一片破败。人类已经从大地上绝迹,地球上沙漠遍布,气候极其干

▽ 5000万年后的地球会是蛮荒世界吗?

探索发现
DISCOVERY & EXPLORATION

生命力极顽强的动物——鼠

鼠是一种生命力极其顽强的动物,它们适应环境的能力极强,在冰冷的寒带和高温的热带同样能生存下来,它们分布于除南极以外的世界各地。

燥。这是一个多数生物难以生存的环境。但是那些适于在高温、干燥的环境中生活的鼠类动物开始出现在荒漠之中，并迅速繁殖起来。

起初，逃过劫难的鼠类慢慢适应了地球上的恶劣环境，它们艰难地在荒漠中生存、繁衍。慢慢地，它们进化成了一种只需很少水分就能在荒漠中存活的"漠鼠"。为了防止身体发热导致水分流失，它们昼伏夜出，避免见到太阳。它们的食物和水分都是通过植物的种子获得的。

经过漫长的岁月变迁，荒漠长出了植物，变成了草原；热带地区也出现了雨林；不同纬度的地区都长出了各具特色的森林。不知经过多少个寒来暑往，四季交替，地球上重新变得生机勃勃了。

同时，适应力超强的漠鼠们也逐渐出现在地球上的各个角落，它们开辟着独特的进化之路。海洋中，巨大的"鲨鼠"称霸一方，就像5000万年前的鲨鱼一样，纵横于各个大洋。它们在陆地上的近亲，则称霸着陆地世界……

以上当然是人们的幻想，5000万年后的地球不一定会是这样。地球的未来命运，已经操纵在人类的手中，只要人类能爱护环境，那么地球未来的命运就可能会改写。

火星上的水去了哪里

火星上真的有运河吗？
火星上的水是怎样消失的？

1877年，意大利人夏帕雷利在火星表面观测到了一些纵横交错的线条。此后，火星上存在运河的说法不胫而走。从1964年到1977年，美国对火星发射了8个探测器。结果发现，火星上根本不存在什么运河，而是有着宽阔、弯曲的河床。这些河床向我们表明，火星上曾经有过丰沛的、流动着的水。如果真是这样的话，这些水最终都流到哪里去了呢？

有一种观点认为，从河水滔滔到滴水皆无，说明火星气候发生了根本的变化。由于火星大气变得稀薄、干燥、寒冷，才导致河水干涸，只留下了一些荒凉的河床。另一种观点认为，曾经存在于火星上的水有10%就蕴藏在火星极地，而剩余的水有可能存在于火星内部，也有可能随着大气流动消失在了茫茫宇宙中。然而，关于火星上的水到底是怎样消失的，现在仍是个待解的谜。

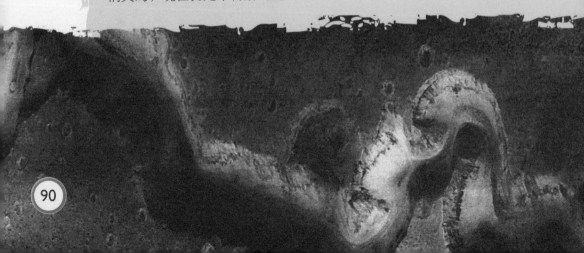

探索火星标语的奥秘

火星标语是对地球人发出的警告吗？
失踪的太空船去了哪里？

20世纪90年代初，在莫斯科的一个大型记者招待会上，苏联的一位太空专家波索夫宣布了一个惊人的消息：一艘由苏联发往火星进行探测任务的无人太空船，在1990年3月27日从火星荒凉的表面上拍到一个奇怪的警告标语后，便突然音讯全无。科学家们分析，它可能是被火星人给击毁了。

这个警告标语是用英文写的"离开"两个字。从无线电传回的照片来看，标语好像是用石块雕刻出来的，按比例估计，这两个字至少有75米宽。而且，标语的表面光滑、清晰，一点都没有饱受侵蚀的样子。所以科学家们推测，这个警告标语是最近才出现的。然而，火星人为什么要写这两个字呢？波索夫说："这显然是针对地球人的。我想那一定是由于我们派出的火星太空船太多，骚扰到火星生物的安宁，所以才发出了这个警告，叫我们离开。"

这一事件被披露后立即震动了西方科学界。这个神秘的火星标语到底是不是真的，太空船究竟去了哪里，现在还无人知晓。

🔺 载人航天器模型

🔽 火星表面

火星"三角洲"之谜

> 火星上新发现的地貌真的是三角洲吗?
> 新发现的区域是不是洪水冲刷形成的?

 火星上有许多独特地形

2007年,欧洲空间局的科学家们在火星上的TiuValles峡谷中拍摄到了一片奇特的地貌,它的形状就像是一块干涸了的三角洲。

我们地球上的三角洲主要形成于河流注入海洋的区域。在那里,潮汐的作用会促使河流中的沙土等物质不断沉积下来。科学家们在TiuValles峡谷中也找到了这种类似的情况。虽然人们现在对这种地形构造的成因还不甚清楚,但科学家们认为,照片上的地形很可能是洪水留下的痕迹。

这一结论提出后,立即引来了各方的争论。反对者认为,如果这是一片洪水留下的痕迹,那就等于证明火星上存在过水,但是现在还没有确凿证据能够证明火星上有液态水存在。有专家提出,火星上的水是以冰的形式分布在火星两极的土壤之中的。而且,探测显示,火星南极地区的冰湖的厚度达到了3.7千米,所以这片区域有可能是洪水冲刷后留下的。如此看来,要彻底弄清楚这一地貌的形成之谜,还需要科学家们继续探索。

火星上的神秘光源

火星上的光源是外星人发出的信号吗？
火星上的光源是不是反射太阳光形成的？

2001年，美国的几个业余天文爱好者观测并拍摄到了火星上的一个神秘光源。它在1分钟内向地球发射1～2次脉冲光，每次持续5秒。其实早在1958年，天文学家就在火星上发现了这样一个光源的存在。令人惊奇的是，这次人们发现的光源所在位置与1958年的完全一致。

现在，科学家们已经对"火星上存在光源"这一事实深信不疑。但是，关于这一光源究竟从何而来，目前还没有定论。现在的主流观点是，当太阳与地球处于某个特定位置时，火星上的云或冰晶体可能会将太阳光反射到地球上。这样在地球上的人看起来就像火星上有一个光源一样。但是，一些科学家对这种解释表示怀疑，他们认为形成这种反射的概率太小。即便这个光源真的是反射太阳光形成的，那也根本不可能被地球上的人看到。

对于人类来说，火星本来就是一个迷雾重重的星球，这一发现无疑使得火星更为神秘。也许随着空间探测技术的进一步发展，这一谜团最终能被我们破解。

▶ 人类已经连续两次拍摄到了火星上的神秘光源

火星洞穴形成之谜

火星上的洞穴是不是无底洞？
洞穴的形成和地下岩浆枯竭有关吗？

2007年5月，美国宇航局的火星勘测卫星使用高解析成像科学实验摄像仪，首次发现火星表面有一个长150米、宽157米的深洞。当时，这个发现令科学家们十分兴奋。他们猜测，这可能是一个无底深渊，甚至还隐藏着某种火星生命。他们甚至认为，这个洞穴可以成为人类登陆火星的栖息地。

然而，依据当年8月8日从不同角度拍摄到的最新宇航照片表明，在洞穴内部有洞壁存在，而且这也不是一个无底洞。由于现在还无法探测到洞底的情况，尚不清楚此洞到底有多深，但是负责此项工作的科学家称，这个神秘洞穴虽不是无底洞，但至少有78米深。据了解，在夏威夷火山的侧面也存在着类似的深坑，这是由于地下岩浆逐渐枯竭导致地面岩石向下塌陷形成的。有的科学家由此推测，火星上可能存在一些"熔岩管"状洞穴，由于地下岩浆枯竭形成很长的管状空洞，这次发现的洞穴就是其中之一。事实果真如此吗？这个洞穴究竟是怎样形成的？现在还没有确切答案。

◁ 对于火星，人类正在积极展开研究

火星"金字塔"探奇

> 火星上的物体真的是金字塔吗?
> 火星"金字塔"是什么样子的?

1972年和1976年,美国的"水手"9号与"海盗"1号探测器都在火星表面拍摄到了类似埃及金字塔的建筑。科学家们将这些"金字塔"分为三种:一种是酷似古埃及的法老金字塔,另一种是类似埃及达舒尔的斜方形金字塔,第三种是类似墨西哥的阶梯形金字塔。经推测,火星上最大的"金字塔"底边长1500米,高1000米。

看到照片的人往往会充满疑虑——那些物体真的是金字塔吗?针对这个问题,有的科学家做了一个模拟实验:在一块光滑的塑料板上,按火星"金字塔"的位置,复制了一些金字塔形的塑料模型,然后按照火星照片的拍摄条件进行拍摄。结果发现,塑料板上出现的明暗面与火星照片上的明暗面基本一致。这证明,那些物体就是金字塔。

但是,有些科学家也提出了不同看法。他们认为,这些"金字塔"可能是由于地质结构的变化而自然形成的。现在看来,这两种截然不同的观点似乎都有一定道理。事情的真相究竟如何,也许要等人类登上火星之后才能有一个明确的答案。

▼ 火星上是否也有金字塔?

匪夷所思的火星人面石

火星人面石是一座城市的废墟吗？
人面石是不是火星人创作的艺术作品？

我们从1976年美国"海盗"1号探测器发回的照片上可以看到，在火星圣多利亚多山的沙漠地区，耸立着一块巨大的、五官俱全的人面石。它好似在仰望苍穹，凝神静思，看上去非常神秘。这尊石像从头顶到下巴足足有16千米长，脸的宽度达14千米，整张脸看上去与埃及的狮身人面像——斯芬克斯十分相似。

关于这块人面石的来源，一些科学家认为这只是自然侵蚀的结果，或者是阴影造成的。但是，仍然有很多人相信火星人面石并非自然形成，他们宣称，如果用精密仪器对照片进行分析，就会发现人面石上有对称的眼睛，而且还有瞳孔。一些科学家在进行更加细致的研究后又发现，在这块人面石上，连眼、鼻、嘴，甚至头发都能看得很清楚。有些专家估计，这块人面石距今可能有50万年的历史了。而50万年前的火星气候正处于适合生物生存的时期，因此他们推测，这块

探索发现
DISCOVERY & EXPLORATION

火星表面

火星就像一个生满了锈的世界，砂砾遍地，十分荒凉。另外，火星表面最引人注目的地形就是干涸的河床，它们多达数千条，蜿蜒曲折，纵横交错，看上去非常壮观。

人面石可能是火星人留下的艺术珍品。

　　1996年，在火星轨道上进行测绘任务的"火星观察者"号探测器又飞越了火星人面石所在的区域，并拍摄到了更为清晰的照片。与1976年相比，这次的图片将人面石放大了10倍，而且还是在逆光中拍摄的。科学家们经过仔细观察后断定它只是一块岩石，其峰峦沟谷在光线的影响下形成了所谓的"人面"，并非人工建筑。有的地理学家也认为，这块岩石有可能是几百万年来气候变化造成的偶然结果，之所以会出现"人面"，是因为光线变化所致。

　　但是，仍然有很多人坚持火星人面石并非自然形成。2007年，美国著名科学家理查德·霍格兰在对火星照片进行详细的研究和分析后推测，这块人面石应该是火星上遭到毁坏的古代建筑物废墟。

　　现在看来，究竟这块火星人面石是自然形成还是人工塑造，答案还不得而知。也许，随着空间探测技术的不断发展，这个由来已久的火星人面石之谜终究会被破解。

▶ 要想彻底揭开火星人面石之谜，还有待于空间探测技术的进一步发展

97

火星上到底有没有生命

火星上有生命吗？
火星会不会成为我们人类的"第二故乡"？

火星和金星是离地球最近的行星，科学家们普遍认为，金星是地球的过去，而火星则是地球的未来。探测表明，金星上的环境异常恶劣，绝不适合人类居住。那么火星呢？火星上有生命存在吗？这个问题到现在也没有得到解决。

1975年前后，美国宇航局发射了两个"海盗"号火星探测器。根据探测器提供的资料，一些科学家对火星环境的演变过程进行了推测。他们认为，大约三四十亿年前，火星表面十分温暖，河湖密布，生机勃勃。到了20亿年前，火星骤然降温，大气逐渐减少，河湖干涸，生命迹象也随之消失。另外，科学家通过实验证实，在模拟的火星环境下，包括杆菌孢子、霉菌孢子、芽胞梭菌在内的微生物都可以存活。他们由此得出结论，即

探索发现
DISCOVERY & EXPLORATION

向火星进军

近年来，人类已经发射了不少火星探测器，向火星展开进军。其中比较著名的有"海盗"号探测器、"火星观察者"号探测器、"火星探路者"号探测器、"火星漫游者"号探测器等。

▼ "海盗"号探测器的飞行轨迹

▲ 火星表面的环境极为严酷

使在火星目前的环境下，仍然有存在生命的可能。更为引人注目的是，1996年8月，美国宇航局宣布，他们在一个编号为ALH8400的火星陨石中，发现了微生物化石的明显遗迹。一些科学家由此得出这样一个结论：火星上存在着生命，尽管那里的环境极为严酷。

▲ 火星探测器

　　尽管赞同"火星上存在生命"这一观点的科学家们说得头头是道，但仍然有很多人对此持怀疑态度。他们认为，在载人宇宙飞船登上火星并寻找到确切的生命证据之前，所有的推测都不能当成事实。专家们纷纷提出，30亿年前的太阳系有特别多的陨石，因此很难说美国宇航局研究的那一块就是来自火星。而且，我们现在还不能说火星在数十亿年前就没有原始生命存在，问题的关键在于如何确定这些陨石上的生命物质就是从火星上带来的，而不是陨石在落到地球后被地球上的生命污染所致。看来，要证明火星上是否存在生命的唯一途径，就是从火星直接取回样本进行研究。希望到那时，这一切都不再是一个谜。

▶ 有的人认为，火星也曾经像地球一样充满生机

99

神秘的木星大红斑

木星大红斑究竟有多大？
大红斑为什么是红色的呢？

　　1665年，法国天文学家发现木星"身上"有一个大红斑，这立即引起了国际天文学界的注意。1878年，一位天文学家在观测木星时再次发现了这个大红斑，此后，人们便开始了对它的连续观测。现在，大红斑已经成了木星最为显著的特征，它的体积之大足以圈下三个地球。自从被发现到现在，300多年来，科学家们一直在观察这个神秘的红斑，尽管它已经改变了颜色和形状，但它却从来没有完全消失过。

　　意大利天文学家卡西尼利用这个大红斑准确地测量出了木星自转的周期。另外，人们还在观测中发现，大红斑的颜色有时很浓，有时较淡，而且它在纬度方向上还有漂移运动，因此推测大红斑不是固态物质。这就像卡西尼所说，大红斑是木星大气的形态，它就像我们看到的天空中的云彩。

　　关于大红斑的来源，一直是个未解的谜。目前普遍认为，这个位于木星大气层中的红斑是一

◀ 木星

团沿逆时针方向运动的上升气流。可能是这个气流物质中含有大量的红磷化合物，所以它的颜色发红。探测器发现，木星大红斑位于南纬23度处，东西长4万千米，南北宽1.3万千米，中心部分有个小颗粒，它可能就是大红斑的核，其直径约几百千米。不过也有人认为，是上升的气流形成云后，大气层中的放电现象导致了大红斑的形成。因此，关于大红斑的来源至今仍无定论。另外，大红斑的颜色成因也是一个谜。有人推测，大红斑呈红色是因为气流中含有红磷化合物的缘故。除此之外，维持大红斑的物理机制到底是什么，直到现在也没有一个确切答案。

2007年5月1日，美国宇航局发布了由"新视野"号探测器在飞往冥王星的途中掠过木星时拍摄的一批高质量木星图像，其中就包括大红斑。科学家们说，他们将借助这些照片进一步分析木星风暴系统的形成及颜色变化等问题，以彻底解开木星大红斑的奥秘。

❤ 木星大红斑的体积足以圈下三个地球

探索发现
DISCOVERY
& EXPLORATION

行星之王

木星是太阳系中最大的行星，所以古希腊天文学家称它为"朱庇特"，即众神之王。木星有着突出的特点，它质量大，体积大，自转速度快。另外，木星还拥有数量众多的卫星。

探秘木星环

木星环是明亮的还是黯淡的？
木星环长什么样？

1979年，科学家们在"旅行者"1号探测器发回的照片中发现，木星也有光环。木星环主要由亮环、暗环和晕三部分组成，环的厚度不超过30千米。其中，亮环离木星中心约13万千米，宽6000千米。暗环在亮环内侧，宽可达50000千米。亮环外缘还有一条宽约700千米的亮带。

但是，由于木星环过于单薄透明，使地球上的人们很难观测到它。所以我们对木星环的了解，远没有对土星环和天王星环那样多。比如：木星环是怎样形成的，至今还是一个没有解开的谜。而且，木星环的形状像个轮胎，为什么它会呈现出这种形状，至今还不能解释清楚。整个木星环主要由碎石块和尘埃组成，这些大大小小的颗粒都在它们各自的轨道上绕木星旋转。一些天文学家认为，这种轨道并不稳定，所以有些颗粒可能会脱离自己的轨道，掉到木星上。这种现象真的会出现吗？我们现在也不能完全肯定。总之，木星环之谜还有待于人类进一步探索。

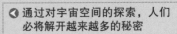
通过对宇宙空间的探索，人们必将解开越来越多的秘密

揭开木星极光的奥秘

木星极光的形成原理与地球极光相同吗？
是不是木卫一上火山喷发出的带电粒子引发了木星极光？

在地球上，当太阳风喷射出的大量带电粒子流以极快的速度进入地球大气层，并与空气中的原子相碰撞时，原子外层的电子便会获得能量。一旦这些能量释放出来，便会辐射出一种可见光束，形成缤纷的色彩，这就是极光。

在木星上，极光也很常见。然而，美国马歇尔航天飞行中心的天文学家认为，木星极光的形成原理有别于地球极光。他们提出，木星极光产生于失去大部分核外电子的氧原子及其他一些元素微粒。木星本身就拥有强大的带电粒子源——来源于木卫一的火山喷发物。当这种带电粒子闯入木星磁场中时，会在木星两极地区被加速到非常高的速度，这些高速高能粒子与木星大气层相碰撞后，便在木星大气中形成壮观的极光景象。因此，木星极光的发生与太阳活动并没有直接联系。

然而，火山喷出物中的带电粒子为何会进入木星磁场，现在也还无法解释。所以科学家们的推测只是具有一定道理，真实情况究竟如何，还需要进一步探索。

◆ 木星和地球一样，也有美丽的极光

木卫二上有生命吗

木卫二上是不是也有海豚?
木卫二上还有别的生物吗?

　　木卫二是太阳系中一颗与众不同的卫星，它非常明亮。科学研究认为，木卫二之所以显得如此明亮，是因为它的表面有一层厚厚的冰壳。据推测，木卫二的冰壳下面很可能隐藏着一片海洋，海洋中极有可能存在着生命。

　　虽然这一观点曾经遭到过质疑，但是在几年前，美国宇航局发射的"伽利略"号探测器在木卫二海拔400千米的上空掠过时，敏感的无线电探测器感应到，在木卫二厚厚的冰层下方传出了一种吱吱的叫声。后来经过电脑分析，科学家们发现，这种吱吱声竟然与海豚发出的声音十分相似，误差率仅为0.001％。虽然现在还不能确定在木卫二冰层下"讲话"的到底是什么生物，但科学家大胆猜测，如果木卫二上真的存在有某种形式的生命，它们完全有

◀ 有科学家提出，木卫二上可能有
类似海豚的生命存在

可能与地球上的海豚相似。

尽管这一假设有点令人匪夷所思，但它并不是毫无道理。哈佛大学的语言学家乔治·济普夫研究出一种能辨别陌生声音中有无含义的方法。

他先统计出一段文字中各种字母出现的次数，然后按字母出现的频率，以一种固定方式画出一张表格。如果一段声音是蕴含有某种意义的语言，表格上就会出现一条斜线。如果实验对象是一段没有任何意义的声音，表格上出现的就会是一条水平线。科学家运用这一方法同时检测了木卫二上发出的吱吱声和海豚的叫声，结果发现两者的倾斜度非常接近。也就是说，木卫二上的声音是带有信息的，发出这种声音的生物可能与海豚相似。

为了证实这一观点正确与否，科学家们让海豚听了一卷磁带，里面播放的正是从木卫二录下来的那些神秘的声音。科学家们试图让海豚听懂这些地外生物的语言，等到下一次再赴木星考察时，再把海豚的"谈话"录音带去，用无线电发射机将信号发射到木卫二上。他们相信，也许这样就能证明木卫二上是不是有生命存在。

与探索发现
DISCOVERY & EXPLORATION

木卫二简介

木卫二由伽利略于1610年发现。它比月球略小一点，主要由硅酸盐类岩石组成。在木卫二的表面，布满了一连串的暗纹。观察显示，木卫二还有一层含有氧气的稀薄大气存在。

▶ 飞向木星的"伽利略"号探测器

探寻木星的未来

木星会变成第二个太阳吗？
木星属于行星还是恒星？

木星是一颗非常特殊的星体。它不仅有着巨大的体积和质量，而且还在向周围的宇宙空间释放巨大的能量，这说明木星内部可能存在着激烈的热核反应。它除了把自己的引力转换成热能之外，还不断地吸收太阳的热量。长此以往，木星的能量会变得越来越大，它也会越来越热、越来越亮。观察表明，由于木星正在向周围空间释放热能，木卫一上的冰层已经开始融化。

有的科学家据此判断，就木星的发展来看，它很可能会成为太阳系中的第二颗恒星。等太阳到了晚年，它就可能取而代之。但是也有人并不赞同此观点，他们认为，不管是体积还是质量，木星都无法和太阳相比。而且，恒星一般都是熊熊燃烧的大火球，木星只是由液体状态的氢构成。虽然它也能发光，但其亮度根本无法和真正的恒星相比。所以有人说，木星并不是严格意义上的行星，更不是严格意义上的恒星，关于它的未来，现在还无法得出令人信服的结论，以上观点仅仅只是人们的一个推测。

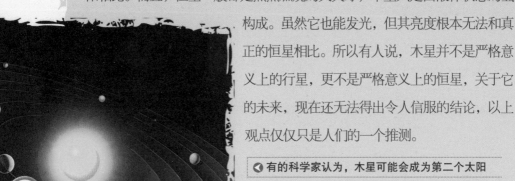

◀ 有的科学家认为，木星可能会成为第二个太阳

土星环是怎样形成的

> 土星环是由卫星瓦解后的碎片组成的吗？
> 是土星的卫星和流星相撞，撞出了土星环吗？

从望远镜中看去，土星的形状就像一顶草帽，星体周围还有一圈很宽的"帽沿"，这就是土星环。观测得知，土星环系的主体包括A、B、C、D、E、F、G 7个环和一些环缝。在这7个环中，最里面的是D环，宽约12000千米。C环宽约19000千米，它与D环相连。C环外是既宽又亮的B环，它的宽度约为25000千米。再往外就是A环，宽约15500千米。A、B两环之间就是宽度为5000千米的卡西尼环缝。A环向外依次为F、G和E环。其中，F环最窄，E环最宽。

然而，土星环究竟是怎样形成的呢？有人认为，如果一颗卫星距离土星太近，就会被土星瓦解，瓦解后的碎片就形成了光环。也有人认为，在土星环区的卫星和飞来的流星发生了碰撞，导致这些卫星被撞得七零八落，卫星碎片就成了土星环的"构成材料"。还有人认为，在土星形成初期，曾有过向外喷射物质的历史，土星的喷射物就形成了它的光环。然而，这些解释都只是假说，到目前为止，关于土星环究竟从何而来，尚无定论。

◀ 经过着色处理后的土星环看上去非常美丽

神秘莫测的六角云团

土星上的六角云团是什么东西？
土星上的云团为什么会是六角形的呢？

　　美国国立光学天文台的科学家们在研究"旅行者"2号发回的土星照片时，发现了一个奇怪的现象：在土星的北极上空有个六角形云团。这个云团以北极点为中心，并按照土星自转的速度旋转。

　　这一云团的出现，使科学家们不得不重新认识土星。该天文台根据六角云团的特征计算出土星的自转周期是10小时39分22.082±0.022秒，而在这之前，土星的自转周期则是根据它的周期性射电来计算的。

　　那么，这个神秘莫测的六角云团究竟是什么呢？美国宇航局的科研专家认为，这一云团是罗斯贝波，它是一种特殊类型的带状行星波，它具有很长的波长，出现时会导致大气大尺度振荡。在土星上，这种波被嵌在一个以每秒100米的速度向东喷发的喷流中。而且，六角云团至少被一个椭圆形旋涡摄动而向南移，这个旋涡的直径大约为6000千米。这样说来，如果土星的六角云团真的是一种波，那它为什么会呈六角形呢？关于这个问题，现在还没有一个令人满意的解释。

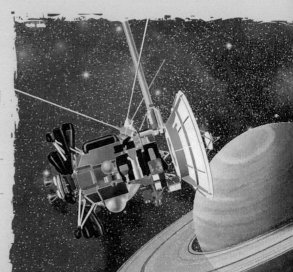

　　▶ 土星上的六角云团究竟为何物，它又是怎样形成的，现在还是一个谜

土卫六会成为地球吗

土卫六和地球有哪些相似的地方？
土卫六会不会成为第二个地球？

2007年，"卡西尼"号土星探测器在近距离飞过土卫六时拍摄的雷达照片显示，土卫六表面分布着海岸线和蜿蜒的河道。据美国的一些科学家分析，土卫六表面的河道长达100余千米，而且还不同程度地拥有数目不等的支河道。有的科学家由此推测，虽然土卫六上的液体是由甲烷构成的，但这里也存在着蒸发和降水现象，而且还有大量的河系。

在太阳系中，只有土卫六和地球一样具有浓密的大气，其中富含氮气、甲烷及其他有机化合物，科学家们甚至还在这里找到了一氧化碳和二氧化碳的痕迹，所有这些情况都和45亿年前的地球极其相似。所以一些天文学家声称，当太阳进入暮年时，土卫六完全有可能成为一个新的"地球"，孕育出新生命。然而，有的科学家却反对说，尽管土卫六有可能孕育生命，但其表面温度过低，会阻碍这一过程的发展。虽然这两种说法都有一定的道理，但真实情况究竟如何，还需要科研人员的进一步探索。

▶有人认为，土卫六可能成为一个新的地球

甲烷从何而来

为什么土卫六大气中的甲烷一直没有消失过？
甲烷是通过哪种方式被喷入土卫六的大气的？

长久以来，科学家们都想知道，为什么土卫六的大气中会存在丰富的甲烷。这个问题也是困扰他们的一大谜团。按照常理，大气中的甲烷会被太阳辐射出的紫外线破坏，这种过程又被称为"光解作用"。光解作用会产生包裹整个卫星的浓厚迷雾，它会在几十亿年的时间里将大气层中的所有甲烷清除干净。然而直到现在，甲烷仍然存在于土卫六的大气中，这说明肯定有某种物质在对这些甲烷进行补充。美国行星天文学家亨利·罗和迈克尔·布朗在研究了土卫六南半球中纬度区域的独特云团之后认为，是土卫六上的地质活动直接将甲烷喷入了大气。

位于夏威夷的凯克天文台10米望远镜和双子星北座天文台8米望远

▼ 科学家们通过观测，拍摄到了土卫六上的独特云团，这为寻找甲烷的来源提供了线索

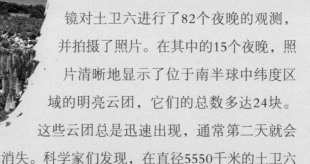

镜对土卫六进行了82个夜晚的观测，并拍摄了照片。在其中的15个夜晚，照片清晰地显示了位于南半球中纬度区域的明亮云团，它们的总数多达24块。这些云团总是迅速出现，通常第二天就会消失。科学家们发现，在直径5550千米的土卫六上，其中的一些云团延伸长达2000千米。尽管这些云团的确切高度还不知道，但它们总是出现在地表上空10～35千米之间的地方，位于土卫六的对流层中。

更为特别的是，所有的云团都位于南纬40度左右的一条狭窄的带状区域内，大部分都紧密地聚集在西经350度附近。它们独特的外形和特别的地理位置，都使研究者们得出这样一个结论：这些云团并不是通过大气对流形成的，而是地表上的某种活动产生了这些云团。科学家们由此推测，可能是土卫六上的地质活动直接将甲烷喷进了大气中。

然而，甲烷到底是通过何种方式被喷入大气的，这仍然是未解的谜。科学家们说，它也许是从地表上短暂出现的裂缝中渗出的，也可能是在冰火山喷发的时候喷涌而出的。真实情况究竟如何，还有待于科学家们的进一步观察研究。

◇ 从土卫六上看土星

与

探索发现

DISCOVERY & EXPLORATION

土卫六简介

土卫六是太阳系中的第二大卫星。探测表明，它拥有一个直径大约为3400千米的岩石核心，而且它的大气中还含有有机物。

"双面"土卫八大揭秘

是太阳光让土卫八的"脸蛋"一半呈白色，一半呈黑色吗？
土卫八的表面为什么会有黑暗物质呢？

土星的第八颗卫星——土卫八因其表面一半呈白色，另一半呈黑色，而被戏称为"阴阳脸"。过去，土卫八的"双面"现象曾经是困扰科学家的难解谜团。但是随着空间观测技术的发展，土卫八的神秘面纱开始被逐渐揭开。

2007年，根据"卡西尼"号土星探测器传回的最新图像显示，在土卫八围绕土星运转的过程中，在朝向太阳的一面，冰雪层开始融化，从而导致这一面的黑色物质暴露出来。随着表面温度的逐渐升高，最终该区域的冰雪层将完全融化，显现出沥青般的黑色；而未被阳光照射的那一面却仍被厚厚的冰雪所覆盖，显现出白色。

但是，土卫八表面的黑色物质是从哪里来的呢？有人认为，是来自其他卫星的粉状物质降落到了土卫八朝向太阳的一面，使得这一面与其他部分看起来截然不同。还有人认为，当土卫八绕土星公转时，朝向太阳的一面会自然而然地产生一层黑色物质，以增强冰层对阳光的吸收。看来，要彻底揭开土卫八的"双面"之谜，还需要继续探究。

◄ 随着空间观测技术的发展，土卫八的"双面"之谜一定会被解开

身世离奇的土卫九

土卫九是被土星"捕获"的吗？
土卫九是不是形成于太阳系外缘？

在土星的卫星中，土卫九是较为特殊的一个。它的轨道、公转方向等特征都与众不同，就连它的来源也是一个未解的谜。

2007年，"卡西尼"号土星探测器近距离掠过了土卫九，拍摄到了迄今为止质量最好的土卫九的照片。照片显示，土卫九与彗星有点相像，它的表面有许多较为明亮的斑块。科学家认为，这些明亮的斑块可能是较为干净的冰状物质。这说明，土卫九可能与彗星一样由冰、岩石和黑色有机物构成，它们都是45亿年前太阳系形成时留下的剩余物质。科学家由此推测，土卫九本是一个"外来客"，并非土星的"亲生骨肉"。它可能形成于太阳系外缘，"游荡"到土星附近后被这颗巨大的气体行星"捕获"，成为了它的卫星。

由于现在人们仍无法较近距离地对土卫九进行观察，所以关于它的形成之谜，目前还没有一个明确的答案。

▶ 能观测土星及其卫星的光学天文台

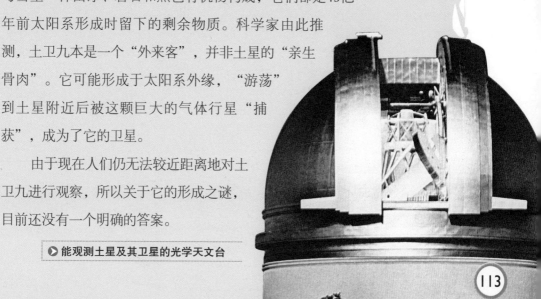

天王星自转之谜

天王星是"站"着自转还是"躺"着自转？
天王星是不是被一个天体"撞倒"过？

△ 天王星

在宇宙空间，大多数的行星总是围绕着几乎与黄道面（行星绕日旋转轨道所在的平面）垂直的轴线自转，可天王星的轴线却几乎平行于黄道面。也就是说，天王星是"躺"着自转的。这样的运动方式使得天王星上的四季变化和昼夜交替变得十分奇特，太阳轮流照射着天王星的北极、赤道、南极、赤道。

但是，太阳系中的其他行星都是"站"在轨道面上进行自转，为什么天王星会有如此与众不同的自转方式呢？有人猜测，在天王星形成的初期，它可能和其他行星一样也是"站"着自转的。但是，不知道是什么原因，天王星被一个天体"撞倒"了，这个天体的质量和体积应该和天王星差不多，所以撞击产生的力量也非常大。强烈的碰撞一下子撞倒了天王星，使它再也无法"站起来"，于是就只有"躺"着自转了。但是，这种说法现在还没有找到充分的证据。所以，天王星为何会形成这种奇特的自转方式，到现在还是宇宙中的难解之谜。

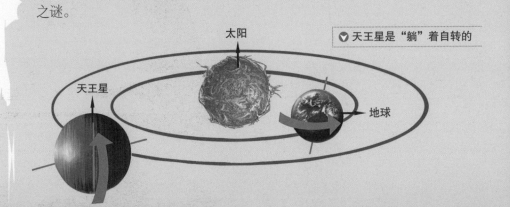

太阳　天王星　地球

◎ 天王星是"躺"着自转的

来历不明的蓝色光环

天王星的蓝色光环是怎样形成的？
还有哪些行星也有蓝色光环？

2006年4月，美国的天文学家们在天王星外围发现了一条高亮度的蓝色光环。他们不知道这条蓝色光环究竟从何而来。

研究发现，天王星的蓝色光环接近它的一颗卫星——"迈布"的轨道，这种情况和土星的蓝色光环接近土卫二的轨道相似。科学家们发现，土卫二地质活动频繁，在其极地附近有巨型"间歇性喷泉"活动的迹象。据推测，也许土卫二可能正在向周围空间喷射液态水。这说明，土星的蓝色光环是由土卫二内部的地质活动引起的。在太阳光的照射下，波长较短的蓝光和紫光遇到水分子时会发生强烈的散射和反射，于是我们见到的光环是蓝色的。有人因此认为，天王星的蓝色光环也是这样产生的。但是对于"迈布"来说，它的直径只有25千米左右，与直径达500千米的土卫二相比，存在地质活动的可能性不是很大，所以天王星的蓝色光环不可能是由"迈布"的地质活动引起的。因此，天文学家们目前还难以解释天王星这条蓝色光环产生的原因。

▶ 天文观测是研究天文学最直接的手段

揭开海王星磁场的奥秘

海王星的磁场有哪些特点?
海王星的磁场为什么会显得与众不同?

20世纪80年代，科学家们通过研究发现，海王星的磁场与其他行星的磁场大相径庭，它的磁场有多个极，而且磁偏角很大，达到了47°。为何海王星的磁场情况如此反常呢? 科学家们曾提出若干观点来进行解释，但都没有达成共识。

最近，美国哈佛大学的科学家指出，海王星磁场产生的地方是它的外壳，而地球磁场产成的地方在地核与地幔的交界面附近，那里有一个覆盖地核的电子壳层。地球磁场的产生就与它和地核有关。据科学家介绍，磁场是由行星中的导电体通过运动产生的。海王星的外壳是由水、甲烷、氨和硫化氢组成的带电流体，导电性能良好，而且它们还处于运动状态，这就使它能够产生磁场。只是由于海王星产生磁场的部位与地球不同，所以它的磁场才会显得很特别。

这一观点虽然很有道理，但它也只停留在猜测和推理阶段。要想对海王星磁场的形成有全面和准确的认识，还需要科学家们继续探索。

◀ 海王星的磁场与其他行星有很大不同

[第三章]

追踪太阳系其他小天体

　　太阳系的空间是非常大的，其中，除了太阳和我们耳熟能详的八大行星外，还有不少天体，像月球、冥王星、小行星等，它们一直在静静地围绕着太阳运转，也为我们的宇宙增添了不少神秘的气息。月球是空心的吗？小行星会撞地球吗？谁"引爆"了哈雷彗星？巨大的陨石去了何方？……对于这些问题，人类正在进行严肃的思考和艰苦的探索，相信随着航天事业的发展，我们定能斩获不少新的成果。在本章里，许多和太阳系其他天体相关的问题将带你再次领略不一样的太阳系。

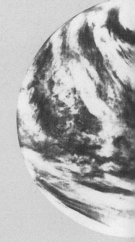

探秘月球起源

月球是不是被地球俘获的？
月球是大碰撞"撞"出来的吗？

月球是地球唯一的天然卫星，关于它的起源，世间存在着多种假说。

"分裂说"是最早解释月球起源的一种假说。早在1898年，著名博物学家达尔文的儿子乔治·达尔文就指出，月球本来是地球的一部分，后来由于地球转速太快，把一部分物质抛了出去，这些物质脱离地球后就形成了月球。这一观点很快就遭到了一些人的反对。他们认为，如果月球是被地球抛出去的，那么两者的物质成分就应该一致。可是通过对从月球上带回来的岩石样本进行化验分析，发现两者相差甚远。

另外一种假说认为，月球本来只是太阳系中的一颗小行星。有一次，它运行到地球附近，被地球的引力所俘获，从此就再也没有离开过地球。这就是"俘获说"。但也有人指出，地球质量只是月球的81倍，

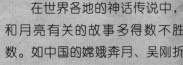

有关月亮的神话传说

在世界各地的神话传说中，和月亮有关的故事多得数不胜数。如中国的嫦娥奔月、吴刚折桂等。在古希腊神话里，月亮女神同时也是狩猎女神。

▼ 月球探测

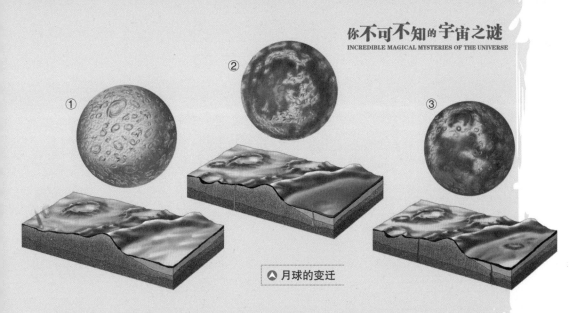

▲ 月球的变迁

要想俘获月球那样大的天体，是不太可能的。

还有一种观点叫"同源说"。这一假说认为，地球和月球都是太阳系中的星云经过旋转和吸积形成的星体。但是，地球形成的时间要早于月球。然而，这一假说也受到了客观现实的挑战。通过对从月球上带回来的岩石样本进行化验分析，人们发现月球的年龄要比地球古老得多。

"大碰撞说"是近年来关于月球成因的新假说。这一观点认为，太阳系演化早期，在星际空间曾形成大量的"星子"，星子通过互相碰撞、吸积而长大。在原始地球形成的同时，也形成了一个相当于地球质量0.14倍的天体。一次偶然的机会，这个天体以5千米/秒左右的速度撞向地球，最后被撞得粉碎，形成了大量尘埃。这些尘埃通过相互吸积而结合起来，就形成了月球。

现在，关于月球起源的假说已经产生了好几十种，但还没有一种得到完全确认。科学家们认为，要想破解月球的形成之谜，还需要做出大量的探讨和研究。

▶ 关于月球的起源，现在还是一个谜

月球究竟"芳龄"几何

月球的年龄是45亿岁、46亿岁，还是200亿岁？

月球是不是比地球和太阳系都更为古老？

过去，德国和英国的科学家根据研究认为，月球产生于距今45.27亿年前，只比太阳系产生时间晚大约3000万～5000万年。

然而，通过对月球岩石标本的研究发现，99％的月球岩石都比地球上90％的最古老的岩石还要古老。美国宇航员阿姆斯特朗在月球静海降落后拣起的第一块岩石的年龄就在36亿岁以上，而迄今为止科学家们在地球上发现的最古老的岩石就是36亿年前的。在其他宇航员们从月面带回的岩石中，有的是43亿年前形成的，有的是45亿年前形成的。"阿波罗"11号宇宙飞船带回的月面土壤标本，其年龄甚至长达46亿年，这一时间正好是太阳系形成的时间。更令人不可思议的是，在"阿波罗"12号宇宙飞船带回的岩石标本中，有两块的年龄竟是200亿年！

有的科学家由此认为，月球比地球和太阳系都更为古老。但月球的真实年龄究竟是多少，现在还是一个未知数，还需要人类的不断探索。

▶ 月球探测车

120

神秘消失的月球磁场

月球到底有没有磁场?
是什么原因让月球的磁场消失了呢?

△ 人类登上月球

科学家们发现,虽然月球几乎没有磁场,但月球岩石却有着磁化过后的现象,这是怎么回事呢?

科学家经过研究认为,月球以前是有过磁场的,但是后来它却消失了。为什么这么说呢? 首先,要让一个固体星球拥有磁场,该星球内部必须存在导电液体。当这些液体进行某种有规律的剧烈运动时,如冷却过程中的对流,星球才会产生磁场。从月幔的成分来看,在熔融状态下,较轻的元素会浮在上面,形成月壳;而重元素富集的区域则会下沉,一直到达月核的周围,就像一层隔热毯一样把月核与月幔隔离开来。但是,这层隔热毯里富含一些放射性元素,例如铀和钍。时间一长,这些物质会逐渐衰变,产生热量,最终因密度变小而上浮。这样,随着月核周围的"隔热毯"逐渐消失,它就会开始进行剧烈的对流冷却活动,促使月球产生磁场。但是,当放射性元素停止辐射热量之后,对流冷却过程就会中止,月球磁场也随之消失。事实果真如此吗? 现在还没有答案。

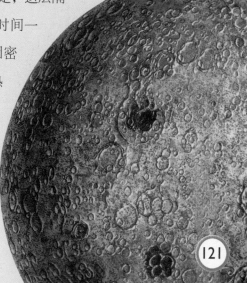

▷ 有人认为,月球磁场与放射性元素有关

"两面派"月球大探秘

是不是"雨海事件"让月球的正反两面显得很不相同？
是发生在月球上的日食让月球的正反两面形成了差异吗？

我们从地球上看到的月球表面，呈现出明暗不同的区域，暗色区域是月海，明亮的区域是月陆。科学探测表明，绝大多数月海分布在面向地球的月球正面。正面月海约占半球面积的一半，而月球背面只有3个面积很小的月海，占半球面积的2.5%。然而在月球背面，月陆的分布面积就比月海大得多。那么，为什么月球的正面与背面有这些显著的差别呢？其实这也是科学家长期以来关注和研究的问题。

科学家们提出，月球正面与背面的明显差异，与月球的起源和演化有关。有一种假说认为：在月球形成后，其轨道逐渐向地球逼近。大约在39亿年前，当月球运行到地球的洛希极限（行星对卫星的潮汐力可将卫星粉碎的最大距离）附近时，由于地月潮汐力的相互作用，月球的正面被撕裂出一部分，这些物质在太空中被粉碎后又返回到月球正面，撞击月表，开凿出大面积的月海盆地，这就是著名的"雨海事件"。而月球背面几乎没

◀ 月球正面

有受到潮汐力的影响，也没有发生过类似的撞击，所以保持了较为原始的月貌特征。

也有人认为，因为月球上的日食都发生在正面，日食时月表温度会发生巨大的变化，极高的温度会熔化月球正面的岩石，日积月累就形成了正反两面的差异。

虽然以上的说法都有一定的道理，但它们还不能令人完全信服，甚至还存在着缺陷。例如：假设月球真的在向地球轨道靠近，并引发了后来的"雨海事件"，那么，这种情况会不会再次发生呢？现在还没有任何证据能够排除这种可能性，也没有人能够找出"雨海事件"的规律，这只能说明39亿年前的那次大碰撞也许是事发偶然，这就大大降低了它的可信度。看来，要想真正揭开月球的正反两面之谜，还有待进一步的研究。

▼ 想象画：宇航员着陆月球

探索发现 与
DISCOVERY & EXPLORATION

月球上的地形

月球上有环形山、月海、月陆、月面辐射纹、月谷等地形。其中，月海是月球上的广阔平原，而高出月海的区域就是月陆，环形山则是月球上最为常见的地形。

来历不明的环形山

月球上的环形山是陨石撞击后留下来的吗？
月球上的环形山是不是被智能生物改造而成的？

对天文学家来说，月球环形山的成因是个不易破解的谜。有人认为，那是小天体或陨石撞击月球表面后留下的"星伤"，像我们地球上的陨石坑。对比月球正反两面的照片可以发现，陨石似乎总是撞击月球的其中一面，而对另一面却撞得比较少，这是怎么回事呢？

而且，据科学家推测，一个直径约80～160千米的陨石撞击月球，其能量相当于几百万吨级的核弹爆炸。按这样大的冲击力计算，撞击月球的陨石应在月球上撞出一个深达几百千米的坑洞。可奇怪的是，月球上的环形山的深度大约都在3～4千米。就连直径约为280千米的加加林环形山，它的深度也只有6千米左右。

月球环形山如此众多的奇怪特征使研究者们陷入了困境，以往的科学理论和各种各样的计算方法统统失去了作用。有人甚至认为，月球上的环形山并非自然形成，而是被智能生物改造而成的。面对这种令人匪夷所思的观点，很多人持怀疑态度。现在看来，只有找到月球环形山更多的特点，才能揭开它的形成之谜。

❤月球环形山的深度大都相同

月面**辐射纹**从何而来

是陨石撞击形成了辐射纹吗？
辐射纹是不是火山爆发时的喷射物造成的？

在月球上一些较"年轻"的环形山周围，常常出现一种美丽的景象——辐射纹。它是一种以环形山为中心向四面八方延伸的带状地形，几乎以笔直的方向穿过山系、月海和环形山。

据统计，在月球上有辐射纹的环形山可能有50多座。其中，最引人注目的是第谷环形山的辐射纹。在那里，有一条辐射纹长达1800千米，满月时看上去尤为壮观。然而，这些辐射纹是怎么形成的呢？有些科学家认为，它们的形成原因应该与环形山有密切联系。现在许多人倾向于"陨石撞击说"，认为在没有大气，引力作用又很小的月球上，陨石撞击可能会使高温碎块飞得很远，它们在月球表面留下的痕迹冷却后就形成了辐射纹。而另外一些科学家则认为，辐射纹的形成也不能排除火山作用。火山爆发时的喷射物也有可能形成四处飞散的辐射形状。

人们对月面辐射纹的形成原因有各种猜测，但真实结果究竟如何，还有待于进一步的研究。

> 在月球正面的图中，我们可以清晰地看到哥白尼环形山和开普勒环形山的辐射纹

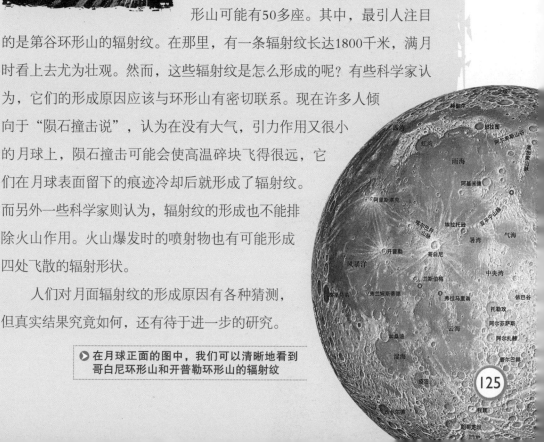

125

月球是**空心**的吗

苏联著名天体物理学家瓦西里和谢尔巴科夫曾在《共青团真理报》上撰文指出："月球是空心的，它可能是外星人的宇航站。"这一大胆而又离奇的假说发表后，立即引起了科学界的震惊，人们很快联想到在"阿波罗"探月计划中发生过的离奇事件。

1969年，在"阿波罗"11号探月过程中，当两名宇航员回到指令舱后3小时，"无畏"号登月舱突然失控，坠毁在月球表面。离坠毁地点72千米处预先放置的地震仪，记录到了持续15分钟的震荡声，这种声音犹如一只大钟发出的声响。如果月球是实心的，那么这种声音只能持续1分钟左右。

"阿波罗"12号登月后，当宇航员乘登月舱返回指令舱时，用登月舱的上升段撞击了月球表面，随即发生了月震。让科学家们目瞪口呆的是，月球"晃动"了55分钟以上。

"阿波罗"13号在进入月球轨道后，

◀ "阿波罗" 11号升空

▶ 人类对月球的探索才刚刚开始

宇航员们用无线电遥控飞船的第三级火箭撞击月面。结果，月球再次"晃动"了。观察表明，月震直到3小时20分钟后才逐渐结束。这说明，如果月球是一个表面覆盖着坚硬外壳的中空球体，只要撞击它的金属质球壳，就会发生这种形式的振动。

接下来的几次人工月震实验都得出了相同的结论。那就是：月球内部并不是冷却的坚硬熔岩。有些科学家认为，尽管这种奇怪的"震动"并不能完全说明月球内部就是空心的，但我们至少可以推测，月球内部可能存在着某些空洞。

然而，有些科学家却认为，月震持续时间之所以那么长，是因为月球上没有水和表面松散的沉积层。在地球上，正是由于水和松散沉积层对地震有一定的吸收作用，才使地震波很快衰减。所以他们认为，月球的内部结构与地球完全相同，并非空心。

究竟月球内部是一个什么样的情况，它到底是不是空心的，要解开这个谜还需要科学家的不懈努力。

▼ 科学家通过实验结果推测，月球内部可能存在着空洞

探索发现
DISCOVERY & EXPLORATION

月球的内部构造

多数科学家认为，月球的内部结构可分成月壳、月幔和月核三部分。月壳厚约60～65千米，从月壳以下到1000千米处是月幔，而月幔以下直到1740千米深处的月球中心为月核。

月球上有水吗

月球上是不是真的有水存在？
彗星撞击会给月球带来水吗？

1996年，美国的一些科学家在分析1994年发射的"克莱门汀"1号探测器所拍摄的月面照片时，突然有了新发现：月球南极有冰湖！

这是令人难以相信的事实。在20世纪六七十年代，美国先后发射了6艘"阿波罗"载人登月飞船和数十个无人月球探测器，都没有发现月球上有水存在的迹象。而且在这次拍摄的1500张月球南极照片中，只有一张被认为是月球冰湖的照片。因此有人怀疑，金属含量较高的岩石也有可能产生与水的反射图像相同的雷达照片。

于是，在1998年1月6日，美国又发射了"月球勘测者"号探测器，专门去

探索发现
DISCOVERY & EXPLORATION

"月球勘测者"号

"月球勘测者"号是美国于1998年1月6日发射的月球探测器，计划探测月球的地质结构、矿藏、气体，确定月球上是否存在冰和磁场。它进入月球轨道后，在距离月球表面100千米的高度绕月飞行。

🔻 月球表面分布着大小不一的环形山

寻找月球上的水资源。在当年的3月5日，美国
航天局向全球发布了一条振奋人心的消息："月
球勘测者"号发现月球两极的土壤中存在大量的
冰，其储量约为0.1亿～3亿吨，分布在月球北极和
南极近两万平方千米的范围内。

关于这些冰的来源，科学家解释，月球有遭受
彗星之类的小天体碰撞的经历，而彗星的含水量在
30％～80％左右，所以，月球上的水的来源之一就是彗
星撞击的结果。而且，月球两极的地貌很特殊。在月球
南极有一个艾物肯盆地，它被认为是陨石撞击形成的，它
的直径有2500千米，深约13千米，黑暗幽深，终日不见
阳光，温度一直保持在-230℃以下，因而完全有可能成
为固态水——冰的藏身之地。

▲ 人类对月球进行了多次实地探
测，但还没有找到水的存在

对计划移民月球的人来说，大量的冰意味着他们能用水来维持生
命，并将水转化成氢氧火箭的燃料。为了进一步证明月球上确实存在
水，美国科学家提出了用"月球勘测者"号进行"暴力寻冰"的建议。
根据计划，当重达160千克的探测器以每小时6000多千米的速度撞进3200
米深的月球陨石坑时，如果冰层确实被压在冰土
里，这个撞击力度足以激发出一团水蒸气。但遗憾
的是，探测器在击中目标之后，并没有探测到任何
水蒸气的存在。

就这样，"月球上是否有水"又成了一大悬
案，这个谜直到现在也没有解开。

▶ 月球上有没有水，一直都是人类关心的问题

寻找月球上的**智能生物**

月球真的是外星人的基地吗？
月球上是不是有智能生物存在？

1969年，当人类登上月球后，发现这里并没有生命存在的迹象。不过，有的科学家却认为，月球是外星人的基地，它可能存在着智能生物。

▲ 人类在月球表面留下的脚印

据报道，美国发射的探测器"月球轨道环行器"2号在静海上空46千米的高度拍摄到了月面上的塔状物。它们的底座大约宽15米，高为12～23米。科学家运用几何学原理对它们进行了分析，结果他们惊奇地发现，这些塔状物的分布方式与埃及吉萨的金字塔群极其相似！

除此之外，月面上还有许多难解的谜。很久以前，科学家们就曾目击月面上有发光物存在。这些发光物有时单个出现，有时是几个；有的是静止的，有的在运动；有的光强，有的光弱，各不相

▼ "阿波罗"登月计划全过程

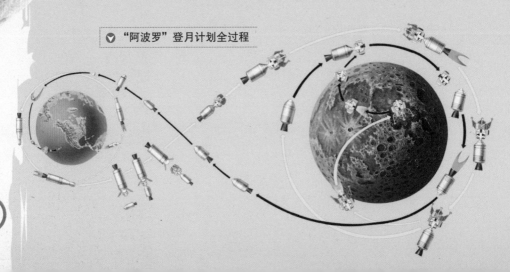

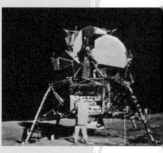

同。而且，这种发光物出现的地点居然与人类登月的地点一致。权威学者们认为，这些发光物除了UFO之外不可能是其他的东西。

更让人感到奇怪的是，"阿波罗"11号在飞行期间，宇航员阿姆斯特朗在回答休斯敦指挥中心的问题时吃惊地说："……这些东西大得惊人……我要告诉你们，那里有其他的宇宙飞船，它们排列在火山口的另一侧，它们在月球上，正注视着我们……"就在这时，无线电信号突然中断。阿姆斯特朗究竟看到了什么，美国宇航局再也没有做出任何解释。

据说，"阿波罗"15号飞行期间，宇航员沃尔登吃惊地听到了一个很长的哨声，随着声调的变化，传出了由20个字组成的一句话。这个陌生的来自月球的语言切断了宇航员与休斯敦的一切联系。这一切究竟是怎么回事？直到现在也没有人能解释。

▼ 美国宇航员

探索发现
DISCOVERY & EXPLORATION

"阿波罗"登月计划

"阿波罗"登月计划，是美国从1961年到1972年间进行的一系列载人登月飞行任务。这一计划使人类实现了登月的梦想，美国也由此获得了丰富的科学资料及将近400千克的月球土壤样本。

月球"逃逸"之谜

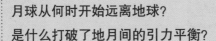

月球从何时开始远离地球？
是什么打破了地月间的引力平衡？

▼ 月球绕地球的运动

近年来，科学家通过对鹦鹉螺壳等化石的研究，发现月球正以每年约3.8厘米的速度离我们远去。鹦鹉螺是非常稀有的活化石，由于受到潮汐的影响，它的外壳上既有像树木一样的"年轮"，也有独特的"日轮"。根据化石显示的信息，科学家推断出在距今4亿多年前，地球上的一个月只有9天，那时月球离地球的距离只有现在的一半都不到。

◀ 月球的组成物质分布很不均匀

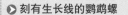

▶ 刻有生长线的鹦鹉螺

有科学家解释这种现象称，由于月球的引力使地球上的海洋产生了潮汐现象。而潮汐摩擦能使地球自转减慢，从而影响到地月系统间的引力平衡。为了获得新的平衡，月球的轨道就

▲ 月球正逐渐远离地球

在不断变迁中离地球越来越远。

也有科学家认为，由于月球本身的形状并不均匀，而且其组成物质的分布也十分不均匀，这就导致了它的质量中心与几何中心并不一致，因此它在旋转的过程中就会有偏离轨道的趋势。而且，月球还能从地球的引力场中"偷走"一点能量，而获得的这种能量打破了地月之间的引力平衡，就像投掷链球一样，导致了月球离地球越来越远。

月球为何逐渐远离地球？由于众说纷纭，至今仍难定论。

与
探索发现
DISCOVERY
& EXPLORATION

潮汐现象

潮汐是由于月球与太阳的引力作用，引起海水周期性运动的现象。一般月球绕地球一周是24小时48分，潮汐的周期与之相同。

冥王星 起源之谜

冥王星是怎样形成的？
冥王星的"前身"是海王星轨道内的大星子吗？

在罗马神话中，冥王星是冥界的首领。之所以得到这样一个名字，是因为它远离太阳，隐没在一片无尽的黑暗之中。

在太阳系里，冥王星无疑是一颗非常特殊的星。首先，它长得太小了，不管是体积还是质量，和其他行星比起来都相差很远，甚至比月球还小，而且不会吸引其轨道附近的物体。其次，其他行星的轨道几乎是固定的椭圆，只有冥王星的轨道又大又扁。它是离太阳最远的星体，可有时候它却比海王星离太阳还近。鉴于冥王星的特殊性，它的身上也存在着许多谜团，

▼ 冥王星藏着许多谜团

探索发现
DISCOVERY & EXPLORATION

冰比铁硬

冥王星距离太阳非常远，所接收到的太阳热量也不过地球的0.06%，表面温度能低至-230℃，可以说是太阳系里最冷的星球之一。这颗星的表面绝大部分都覆盖着氮冰和甲烷霜。因此，有人说，冥王星上的冰远比地球上的铁还要硬。

◀ 冥王星

例如，冥王星的起源问题就是一个未解的谜。

有些科学家认为，冥王星和海卫一不寻常的运行轨道以及相似的体积，使人们感到它俩之间存在着某种历史性的关系。

他们提出，冥王星与海卫一都是行星的"星子"，即原行星。它们本来自由地运行在环绕太阳的独立轨道上。后来，海卫一被海王星俘获，而冥王星则成了一个独立的星体。

而另外一些科学家则认为，冥王星是由海王星轨道内的大星子互相碰撞、融合形成的。后来，另一个星子又掠过冥王星表面，巨大的撞击力使它产生了自转。

目前，我们对冥王星的认识还非常少，无法对它的起源做出准确的判断。也许只有等宇宙探测器到达冥王星之后，才能解开有关冥王星的谜团。

◉ 旅行者2号拍到的蛾眉状海卫一

135

小行星引发的大争论

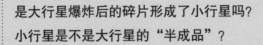

是大行星爆炸后的碎片形成了小行星吗？
小行星是不是大行星的"半成品"？

在太阳系中，除了八大行星以外，在红色的火星和巨大的木星之间，还有成千上万颗肉眼看不见的小天体，沿着椭圆轨道不停地围绕太阳运转。这些天体就是小行星。与行星相比，它们就像是微不足道的碎石头。在火星与木星之间，聚集了大约50万颗以上的小行星，形成了小行星带。

天文学家们根据成分和光谱将小行星大致分成三类。"硅质"小行星含有一个石质硅层包裹的铁镍内核，这种小行星约占15％。"金属质"小行星占10％，主要由铁和镍组成。"碳质"小行星数量最多，占了75％，它们含有丰富的碳。但令人感到迷惑的是，这些小行星究竟是怎样形成的呢？有一种理论叫做"爆炸说"。该理论认为，太阳系的第十颗大行星（这一理论提出时，冥王星还属于大行星）在亿万年前爆炸时，其碎片就分解成了千万颗小行星。虽然这个理论有一定的道

小行星

理，但这种设想最大的缺陷就是——它无法解释清楚大行星爆炸的原因。

也有人认为，木星与火星之间的轨道上本来就存在着5～10颗体积较大的小行星。它们通过长时间的相互碰撞，逐渐解体，最后越来越小，越分越多，形成了大量的碎片，这就是我们今天观测到的小行星。

第三种解释是"半成品说"。这一理论认为，在太阳系形成初期，当其他的行星都在逐渐成形的时候，木星与火星之间正在形成行星的区域由于缺少某些必要的条件，最后并没有大行星出现，而是逐渐形成了大行星的"半成品"——小行星。

虽然这些解释各有道理，但都不能自圆其说，因而没有成为定论。不过，越来越多的天文学家认为，小行星记载着太阳系形成初期的信息。因此，探索小行星的起源是研究太阳系起源问题中不可分割的一环。相信随着空间观测技术的发展，小行星的起源之谜一定会被破解。

小行星也是太阳系中的主要成员

探索发现
DISCOVERY & EXPLORATION

谷神星简介

谷神星是第一颗被发现的小行星，它是意大利天文学家皮亚奇于1801年偶然发现的。谷神星的直径约1000千米，距离太阳大约为27.7个天文单位。

"塞德娜"星探奇

"塞德娜"到底有没有卫星?
如果"塞德娜"有卫星的话,它会是什么样子的呢?

2003年11月14日,小行星90377被两位美国科学家发现,命名为"塞德娜"。观测表明,"塞德娜"呈红色,这一点和火星相似。而且,"塞德娜"距离太阳非常遥远,在近日点时,它与太阳的距离是76个天文单位;在远日点时则超过了1000个天文单位。有趣的是,与多数行星相比,"塞德娜"的公转轨道更接近一个标准的椭圆形,它围绕太阳旋转一周需要花费10500年。

▲ 探测宇宙空间

虽然"塞德娜"的直径约2000千米,体积大约只有冥王星的3/4,但它的自转周期竟长达40天。科学家们由此推测,它的附近应该有卫星。

在两者的潮汐力相互作用下,"塞德娜"的自转速度就会变慢。但奇怪的是,天文学家利用超大望远镜进行探测后,根本没有发现这颗卫星的踪影。于是,"塞德娜"到底有没有卫星就成为了一大悬案。

有些天文学家还对此提出了新的假说,他们认为,"塞德娜"曾经有过卫星,但可能在某次天体碰撞的过程中,这颗卫星被毁灭了。

经过详细计算与分析,英国天文学家钱得勒

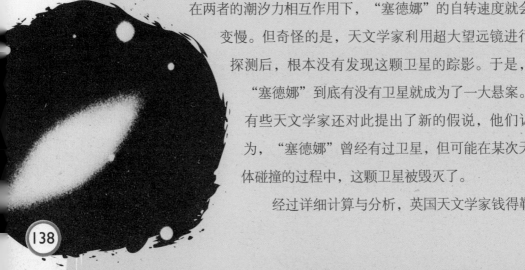

等人认为，如果"塞德娜"真的有卫星存在，那么这颗卫星应该属于一种全新的天体。因为，如果要使"塞德娜"的自转速度放慢，这颗卫星将比现在已知的、最大的彗星还要大100倍左右。它的大小应该与卡戎星相仿，直径大约为1200千米。所以，它应当是一种除彗星与小行星之外的新天体。此外，科学家们还推测，这个天体表面的挥发物质已经全部蒸发，呈绒状蓬松结构，其内部有85%的空间都是空的。这样，射向它的光线有99%都被它吸收了。如此一来，这个天体看上去会无比黑暗，连"哈勃"太空望远镜都没法观测到。

▲ "塞德娜"星呈红色

尽管现在人们并没有在太阳系中观测到这种新型天体，但钱得勒认为，如果这种天体真的存在，那么，在太阳系中类似的天体数量应当有上百颗。虽然它们很难被望远镜观测到，但它们发出的红外辐射完全有可能被别的仪器捕捉到。钱得勒提出，应该让红外望远镜或者射电望远镜加入到搜索中去。如果真的能找到这样一种天体，也许就能解释"塞德娜"的自转速度之谜了，我们拭目以待。

▼ 有科学家认为，使用红外线望远镜或者射电望远镜，有助于帮助我们找到"塞德娜"的卫星

探索发现
DISCOVERY & EXPLORATION

"塞德娜"星名字的由来

在因纽特人的古老传说中，塞德娜是生活在冰窟窿里的造物女神。因为小行星90377距离太阳极其遥远，表面温度从来不会高于—240℃，所以科学家们将其命名为"塞德娜"。

失而复得的小行星

是什么原因让"赫米斯"消失了66年之久？
又是什么原因促成了"赫米斯"的回归？

2003年，美国洛厄尔天文台的天文学家发现了一颗名叫"赫米斯"的小行星。这个发现之所以引起了人们的注意，是因为"赫米斯"在66年前被首次发现后，很快就从人类的视野中消失了。

据记载，"赫米斯"是在1937年10月28日由德国天文学家赖因穆特首次发现的，其直径约为1000米。2003年11月4日，它到达了近地点，届时它与地球的距离约为720万千米。

对"赫米斯"进行的观察表明，它居然是一颗"孪生"小行星。数据显示，"赫米斯"是由大小差不多的两部分组成，这两部分几乎彼此连接在一起，并围绕同一个共同重心旋转，每21个小时就旋转一周。也就是说，小行星的两部分始终以同一个面彼此相对旋转。

关于"赫米斯"，人们对它充满了疑问。例如：是什么原因使它消失了66年之久，又是什么原因促成了它的"回归"？它的"孪生"结构是怎样形成的？这样的"孪生"小行星宇宙中还有多少？现在，还没有人能够准确地回答上述问题。

破解小行星之谜还有待于人类的不断探索

灶神星亮度之谜

在地球上可以看到灶神星吗？
是不是灶神星的磁场保护了它，让它看起来非常明亮？

长时间观测星空的人会发现，在南部偏东的夜空中，有一颗明亮的星星会缓慢地向东南方向移动，它就是灶神星。灶神星又称第4号小行星，是德国天文学家奥伯斯在1807年3月29日发现的。他接受数学家高斯的建议，给它命名为Vesta。

观测显示，灶神星是最明亮的小行星，它的表面亮度大约是月球的3倍。当灶神星冲日时，地球处在太阳和它中间，这时我们就可以直接观测到它。为什么灶神星会如此明亮呢？这个谜至今也无人能解。有的科学家提出，这可能是因为灶神星有一个强大的磁场，这个磁场能保护它免遭太阳风带来的粒子的破坏。

2007年9月27日，美国东部时间7时34分，"黎明"号小行星探测器顺利升空，开始了它长达8年超过50亿千米的星际探索之旅。它将远赴火星和木星之间的小行星带，探测灶神星和谷神星。按计划，它将于2011年飞抵环灶神星轨道。也许到了那个时候，灶神星的亮度之谜将会被彻底解开。

▶ "黎明"号小行星探测器的升空，也许会帮助我们破解灶神星的亮度之谜

小行星会撞地球吗

小行星 "2002 NT7" 会不会在2019年2月1日撞向地球？
在古代，小行星与地球相撞过吗？

一颗巨大的太空星体带着耀眼的火光撞向地球，激起惊天巨浪，瞬间将城市吞没……这是科幻电影中经常演绎的惨烈景象。这种不幸遭遇真的会发生在地球上吗？

据美国太空总署预测，2019年2月1日可能是一个关系到地球生死存亡的日子，因为一些天文学家估算，一个2000米宽、被称为 "2002NT7" 的小行星或许会在那一天与地球碰个正着。不过，也有科学家认为这场大祸未必会降临。因为现有的计算结果表明，这颗小行星与地球 "接触" 的机率只有二十五万分之一。

▲ 想象画：小行星 "从天而降"

其实，小行星 "2002NT7" 只是天文学家们关注的对象之一。目前，人类累计观测到的小行星已有将近6000颗，其中已测算出运行轨道的大约有3000颗。天文学家说，从这个角度分析，地球周围的 "捣蛋鬼" 确实不少。不过，大多数天文学家也认为，小行星与地球相撞的可能性很小，理由至少有三点：其一，小行星与太阳系八大行星都在各自的椭圆轨道上运行，其轨道在空间交会的情况非常少见；其二，大部

◀ 有人提出，正是小行星撞击地球造成了恐龙的灭绝

分小行星都位于距离地球3亿至4亿千米的空间，两者距离很遥远；其三，即使个别小行星的运行轨道与地球运行轨道交会，两个天体在同一时刻经过交会点的可能性也微乎其微。依照统计规律计算，在大约100万年间，小行星接近地球或碰撞地球的可能性只有2～3次。

但是，人类对小行星的恐惧不是没有理由的。统计表明，平均每天都有1亿多块来自小行星的碎片闯进地球大气层。如果它们没有在大气层中燃烧完毕，其残骸就会落到地面，成为陨石。陨石撞击也会对地球造成极大的破坏，比如，美国亚利桑那州有一个宽约1300米、深达193米的巴林杰陨石坑。据估计，它就是由一个直径约30～50米的铁陨石撞击在这片土地上造成的。

这样看来，对于小行星是否真的会撞向地球这个问题，还没有一个确切答案。不过，为了防止地球受到小行星的撞击，天文学家们已经展开了各式各样的跟踪探测。

探索发现

DISCOVERY & EXPLORATION

近地小行星

在宇宙中，一些小行星的轨道与地球轨道相交，这种小行星就是近地小行星。按照轨道近日点的距离和半长径的数值特征，近地小行星又被划分成阿莫尔型、阿波罗型和阿登型。

▼想象画：小行星撞击地球

解析彗星的形成

奥尔特云是彗星的"故乡"吗？
彗星是不是太阳系外的"来客"？

彗星是沿扁长轨道绕太阳运行的一种质量较小的云雾状天体，由冰块和尘埃的聚结物组成。关于它的起源，至今仍然是个未解的谜。有人认为，位于太阳系边缘的奥尔特云就是彗星的"故乡"。由于受到其他恒星的引力影响，这里的一部分彗星会闯进太阳系内部，被我们人类观察到。

还有人认为，彗星是太阳系外的"来客"。他们解释道，当周期彗星运行到太阳附近时，由于它会受到太阳风的吹袭，组成彗星的物质便会脱离彗核，形成彗发和彗尾。如此循环往复，周期彗星每靠近太阳一次，就会造成一次物质损失。最后，彗星就会逐渐碎裂、瓦解。从这个过程可以推断出，宇宙中存在着一种产生新彗星以替代老彗星的方式，否则彗星的数量就会大大减少。而最有可能产生这种变化的地方，就在距离太阳105个天文单位之处。在那里，有一个巨大的彗星群。然而，这个彗星群迄今为止人们都尚未直接观察到。现在看来，要想破解彗星的起源之谜，还需要科学家们的不断探索。

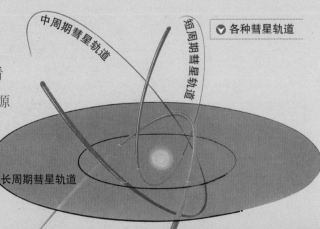

中周期彗星轨道

短周期彗星轨道

◆ 各种彗星轨道

长周期彗星轨道

怪异的**哈雷彗星蛋**

为什么每当哈雷彗星出现时，母鸡就会生下有彗星图案的鸡蛋？
哈雷彗星蛋和哈雷彗星之间有联系吗？

　　1682年，当哈雷彗星出现时，在德国的马尔堡，有只母鸡生下了一个异乎寻常的蛋，蛋壳上布满了漂亮的星辰花纹。1758年，哈雷彗星再度出现，英国乡村的一只母鸡也生下了一个怪异的蛋，蛋壳上描绘有彗星的图案。1834年，哈雷彗星再次出现，希腊一位农夫的母鸡照例生下了一个"彗星蛋"。1910年，当哈雷彗星再度回归时，一位法国妇女的母鸡同样生下了"彗星蛋"！

　　就是这一系列的"哈雷彗星蛋"事件，使科学家们陷入了深深的沉思：这一枚枚精致的怪蛋，给人类带来了什么样的宇宙信息？它们为什么和哈雷彗星一样，周期性地出现呢？这两者一个在天空，一个在地上，彼此之间有联系吗……俄罗斯生物学家涅夫斯基认为，哈雷彗星和哈雷彗星蛋之间肯定具有某种因果关系，这种现象也许与免疫系统的效应原则和生物的进化相关。事实果真如此吗？这一切到现在都还是个谜。

▼ 为什么会出现哈雷彗星蛋呢？

谁"引爆"了哈雷彗星

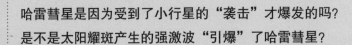

哈雷彗星是因为受到了小行星的"袭击"才爆发的吗？
是不是太阳耀斑产生的强激波"引爆"了哈雷彗星？

1991年2月12日，欧洲南方天文台的工作人员发现，哈雷彗星的亮度突然猛增了300倍，从25星等增亮到19星等，并冒出一团很大的彗发，当时它位于土星与天王星轨道之间。此次彗星爆发现象的亮度之大，距离太阳之远，还是人类第一次观测到。那么，究竟是什么原因使哈雷彗星产生了如此巨大的爆发呢？

英国天文学家休斯认为，很可能是一颗直径约2.6米~60米的小行星横向"袭击"了哈雷彗星，引发了它的爆炸，并使得大约1400万吨尘埃（相当于哈雷彗星总质量的0.02%）撒向太空。但休斯的假说一提出就遭到了质疑。反对者认为，在土星与天王星轨道之间，迄今为止只发现过3颗小行星，其中最小的也比哈雷彗星大5000多倍。但休斯认为，太阳系中有许多直径在60米以内的小天体，它们在土星轨道附近时的亮度只有30星等，连"哈勃"太空望远镜都难以探测到，但不能因此就忽略它们。它们完全有可能"袭击"哈雷彗星。

▶ 明亮的双尾彗星拖着尾巴横扫天际

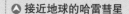

△ 接近地球的哈雷彗星

另一位英国天文学家马斯登提出，彗星是不稳定的天体，只要有一点阳光照在它们的裂隙上，就可能引起物质的蒸发和逃逸。只有观测到更多、更遥远的彗星爆发现象后，才能对哈雷彗星爆发的原因下结论。他还认为，如果休斯的猜测是事实，那么2061年哈雷彗星再度回归时，人类将会观测到它的表面有个约2000米的"新"伤痕。

另外，还有两位美国天文学家从另一个角度解释了这次哈雷彗星爆发现象。他们认为，是太阳耀斑发出的激波震碎了哈雷彗星薄弱的外壳，致使尘埃大量外逸。观测发现，1991年1月31日，太阳上出现了特大耀斑，这次耀斑产生的强激波于两星期后抵达哈雷彗星，也许就是这个原因才引起了爆发。

哈雷彗星为何会产生如此巨大的爆发？是小行星碰撞，是太阳风暴激发，还是另有他故？对这些疑问目前都无法下结论。相信只有通过进一步的观测、探索，才会让真相大白于天下。

与探索发现
DISCOVERY & EXPLORATION

哈雷彗星

哈雷彗星是第一颗被人类计算出轨道并预报回归周期的大彗星，它绕太阳公转的平均周期是76年。最先对它的回归做出过准确预言的人是英国天文学家哈雷。

解开尘埃身世之谜

恒星HD69830周围的尘埃是小行星相互碰撞形成的吗？
是不是彗星爆炸留下了这片尘埃？

2005年，美国宇航局的工作人员通过"斯必泽"太空望远镜，在一颗类似太阳的恒星HD69830周围发现了一片尘埃。到了2006年，瑞士天文学家发现，有三颗行星在围绕着HD69830旋转，它们之间形成了一个类似太阳系的恒星系统。而且，在这个恒星系统中同样存在着一条小行星带。这些发现为天文学家们提供了一次难得的机会，让他们可以通过研究这片尘埃来窥探这个类似于太阳系的恒星系统。然而，科学家们首先要解决的问题就是，这片尘埃究竟是来源于小行星的相互碰撞，还是来源于彗星爆炸。

美国加利福尼亚州理工学院的查尔斯·白赫曼博士认为，小行星带是行星系统的废品站，那里堆积着行星的岩石废料，它们偶尔会相互碰撞，扬起一阵尘埃。所以，这片尘埃应该来源于小行星的相互碰撞。而且，这条尘埃带与太阳系中的小行星带相比，显得更为"厚重"，它所含物质是太阳系小行星带的25倍。如果太阳系中也存在一条如此高密度的小行星带，它的亮度将会照亮夜空，看上去就像一条

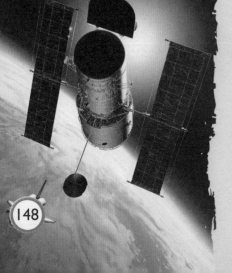

"哈勃"是以光学观测为主的望远镜，而"斯必泽"是观测天体红外波段的望远镜。图为"哈勃"太空望远镜

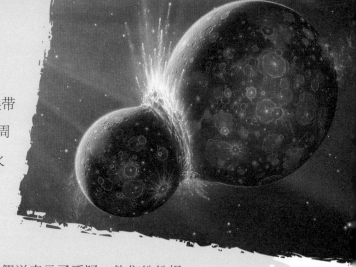

灿烂的光带。而且，这条尘埃带还非常靠近HD69830。众所周知，太阳系的小行星带位于火星和木星轨道之间，而这条尘埃带所处的位置却相当于金星轨道内侧。

然而，一些科学家对这种假说表示了质疑，他们纷纷提出了自己的观点。有人认为，可能是一颗相当于冥王星那么大的巨型彗星闯入了HD69830恒星系统的内侧，并且缓慢蒸发，最终留下了一片尘埃。这个假说之所以会被提出，是因为科学家们发现，恒星HD69830周围的尘埃是由微小的硅酸盐晶体组成的，这与人们在海尔-波普彗星上发现的晶体非常相似。

查尔斯·白赫曼博士也明确反对"彗星撞击形成尘埃"的理论。他认为，人们通过"斯必泽"和"地基"望远镜对恒星HD69830的观测，必将确定这些尘埃的来源究竟是小行星还是彗星。相信在不久的将来，这些尘埃的身世之谜将会大白于天下。

▶ 恒星HD69830周围的尘埃究竟是怎样形成的，现在还没有定论

探索发现 与
DISCOVERY & EXPLORATION

"斯必泽"太空望远镜

"斯必泽"太空望远镜是美国宇航局在2003年发射的一颗红外天文卫星。它可以观测波长为3～180微米的红外波段，能够帮助人们了解银河系的核心、恒星诞生过程，以及太阳系外行星系统。

巨大的**陨石**去了何方

巴林杰陨石坑是不是由一块陨石碎片撞出来的？
撞出陨石坑的陨石跑到哪里去了？

流星在坠落的时候，会与地球大气相摩擦并开始燃烧。如果有的流星没有完全烧毁，它就会成为陨石坠落到地球上。1891年，人们在美国亚利桑那州发现了一个宽约1300米、深达193米的巨大坑穴，这就是巴林杰陨石坑。

据推测，巴林杰陨石坑是在距今20000～50000年前，由一个巨大的陨石以7.2万千米的时速坠落地球时冲撞而成。然而奇怪的是，这个庞然大物给人们留下了一个大坑和坑边的陨石铁片后便没了踪影。这块陨石究竟去了哪里？有人估计它就落在坑下几百米的地方。但是，迄今为止也没有人去把它挖出来加以证实。关于这块陨石的下落，一时间谁也说不清楚。

2005年，一位美国科学家和一位英国科学家提出，巴林杰陨石坑并不是由一整块陨石，而是由一块陨石碎片撞击地球形成的。他们发现，如果这个天外来客以每小时7.2万千米的速度与地球发生碰撞，应该释放出大量的热能。而陨石本身富含铁矿，在碰撞产生高温时，它们会立刻熔化。但是

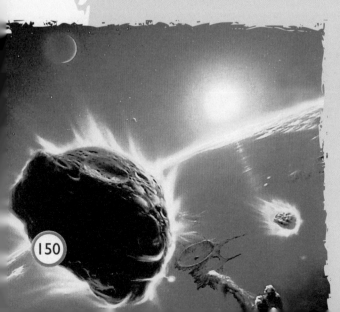

◀ 想象画：流星体撞向地球

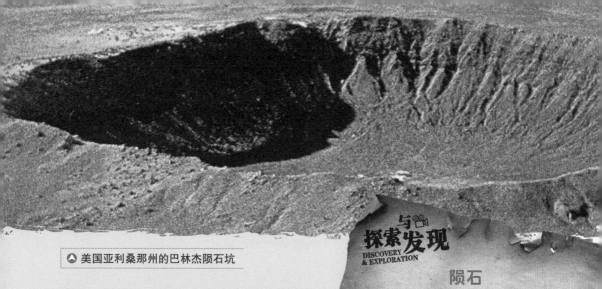

美国亚利桑那州的巴林杰陨石坑

在这一地区，人们一直没有发现过铁矿石融化的迹象。所以这两位科学家认为，撞击这片土地的巨大陨石，仅仅只是一片从巨大陨石上脱落下来的碎块。

科学家们提出，当一块巨型陨石遇到一个稳定而密集的大气层后，大气阻力会对陨石下落起到一个缓冲的作用，并造成陨石的破碎，碎块最终会呈薄饼状下落。研究表明，这个撞击地球的陨石碎块直径可能为20米，撞击时释放出的能量相当于2.5兆吨TNT炸药爆炸的能量，而释放的能量进入大气层，可以触发巨大的震荡波。

虽然这个假说有一定的道理，也可以解释为何陨石会"消失"得无影无踪，但到目前为止，它还缺乏相关的考古证明。看来，只有通过科学家的继续探索，才能把这个谜解开。

探索发现
DISCOVERY & EXPLORATION

陨石

陨石是宇宙中的流星体脱离原有运行轨道后散落到地球上的物质，它们在冲击地面的同时会形成陨石坑。陨石大致可分为石质陨石、铁质陨石和石铁质陨石三种类型。

通过对宇宙空间的探索，人们必将解开越来越多的秘密

图书在版编目 (CIP) 数据

你不可不知的宇宙之谜／龚勋主编. —汕头：汕
头大学出版社，2018.1（2023.5重印）
（少年探索发现系列）
ISBN 978-7-5658-3247-5

I. ①你… II. ①龚… III. ①宇宙—少年读物 IV.
①P159-49

中国版本图书馆CIP数据核字（2017）第309827号

▷少▷年▷探▷索▷发▷现▷系▷列▷

EXPLORATION READING FOR STUDENTS

你不可不知的 宇宙之谜

NI BUKE BUZHI DE YUZHOU ZHI MI

总 策 划	邢 涛	
主　　编	龚 勋	
责任编辑	汪艳蕾	
责任技编	黄东生	
出版发行	汕头大学出版社	
	广东省汕头市大学路243号	
	汕头大学校园内	
邮政编码	515063	
电　　话	0754-82904613	
印　　刷	水印书香（唐山）印刷有限公司	
开　　本	720mm×1000mm 1/16	
印　　张	10	
字　　数	150千字	
版　　次	2018年1月第1版	
印　　次	2023年5月第7次印刷	
定　　价	19.80元	
书　　号	ISBN 978-7-5658-3247-5	